#최강단원별연산
#교과서단원에맞춘연산교재
#연산유형완벽마스터
#재미UP!연산학습

계산박사

Chunjae Makes Chunjae

기획총괄	김안나
편집개발	이근우, 서진호, 김현주
디자인총괄	김희정
표지디자인	윤순미, 박민정
내지디자인	박희춘
제작	황성진, 조규영

발행일	2024년 4월 1일 5판 2024년 4월 1일 1쇄
발행인	(주)천재교육
주소	서울시 금천구 가산로9길 54
신고번호	제2001-000018호
고객센터	1577-0902
교재 구입 문의	1522-5566

※ 정답 분실 시에는 천재교육 홈페이지에서 내려받으세요.

※ KC 마크는 이 제품이 공통안전기준에 적합하였음을 의미합니다.

※ 주의

책 모서리에 다칠 수 있으니 주의하시기 바랍니다.

부주의로 인한 사고의 경우 책임지지 않습니다.

8세 미만의 어린이는 부모님의 관리가 필요합니다.

최강 단원별 연산

계산박사

POWER

4 단계

최강 단원별 연산

계산박사 만의 남다른 특징

1

교과서 단원에 맞춘 연산 학습

교과서 주요 내용을 단원별로 세분화하여 교과서에 나오는 연산 문제를 반복 연습할 수 있어요.

1. 대표 문제를 통해 개념을 이해해 보세요.
2. 배운 내용을 아래 문제에서 연습해 보세요.

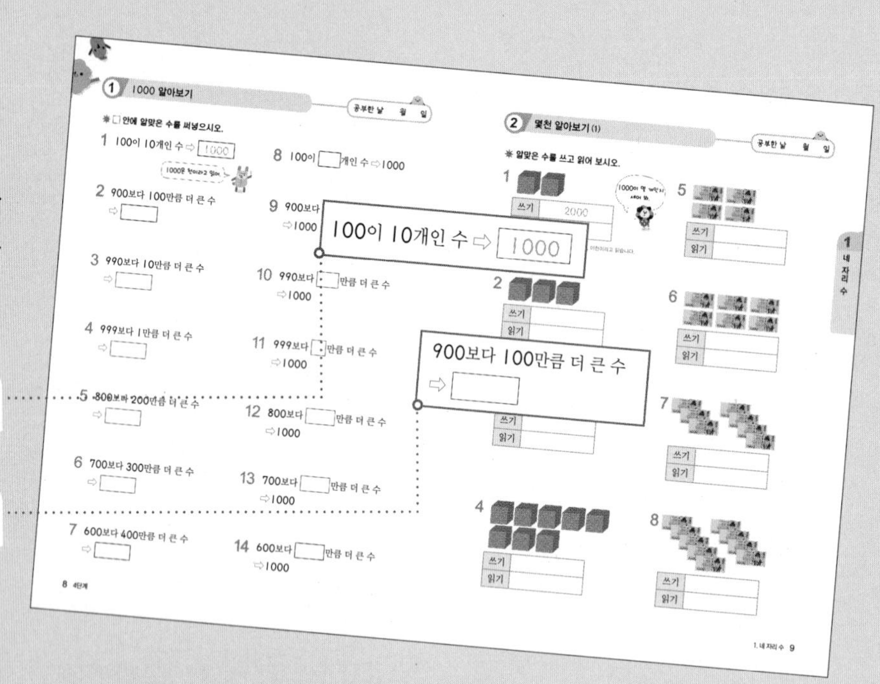

2

QR 코드를 통한 문제 생성기, 게임 무료 제공

QR 코드를 찍어 보세요.
문제 생성기 와 학습 게임 이 무료로 제공됩니다.

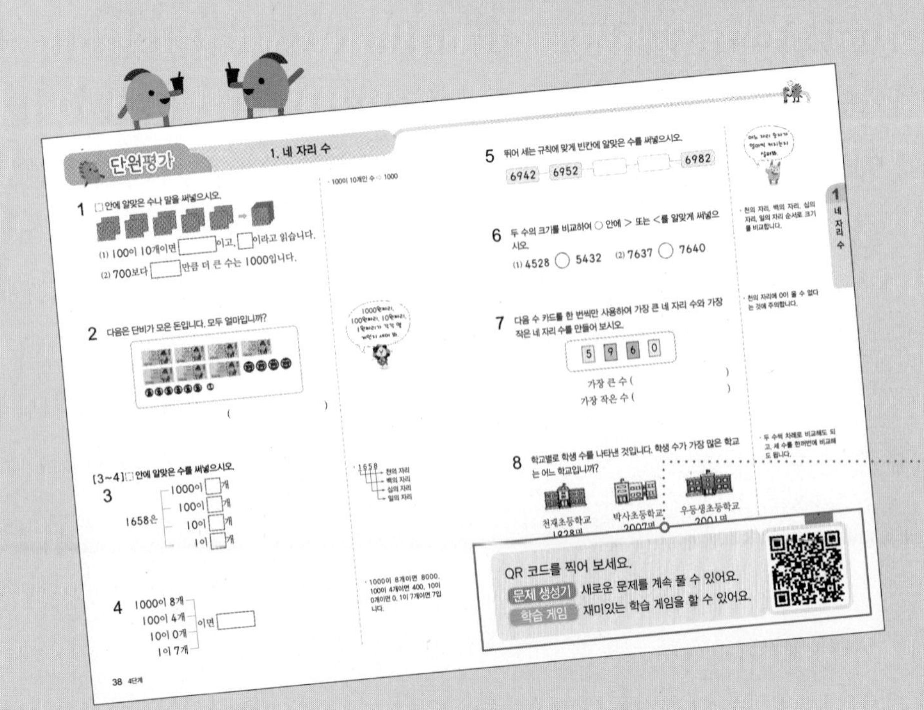

문제 생성기 같은 유형의 여러 문제를 더 풀어 볼 수 있어요.

학습 게임 주제와 관련된 재미있는 학습 게임을 할 수 있어요.

4 단계

차례

1 네 자리 수

QR 코드를 찍어 보세요.
재미있는 학습 게임을 할 수 있어요.

제1화 다시 만난 콩콩이와 게임 나라로~

100이 10개이면 1000입니다.
1000은 천이라고 읽습니다.

이미 배운 내용

[2-1 세 자리 수]
- 백, 몇백 알아보기
- 세 자리 수 알아보기
- 뛰어서 세기
- 두 수의 크기 비교하기

이번에 배울 내용

- 천, 몇천 알아보기
- 네 자리 수 알아보기
- 뛰어서 세기
- 두 수의 크기 비교하기

앞으로 배울 내용

[4-1 큰 수]
- 만 알아보기
- 십만, 백만, 천만 알아보기
- 억, 조 알아보기
- 뛰어서 세기

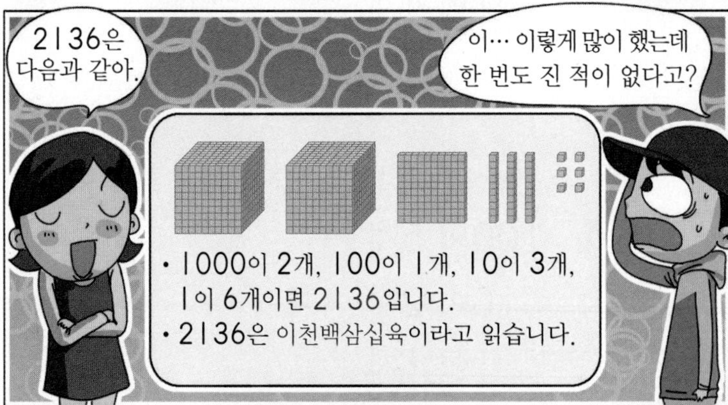

배운 것 확인하기

1 백, 몇백 알아보기

☐ 안에 알맞은 수를 써넣으시오.

1 90보다 10만큼 더 큰 수는 [100] 입니다.

90보다 10만큼 더 큰 수는 100이고 100은 백이라고 읽어.

2 99보다 1만큼 더 큰 수는 ☐ 입니다.

3 10이 10개이면 ☐ 입니다.

4 100이 2개이면 ☐ 입니다.

5 100이 5개이면 ☐ 입니다.

6 400은 100이 ☐ 개인 수입니다.

7 900은 100이 ☐ 개인 수입니다.

2 세 자리 수 알아보기

☐ 안에 알맞은 수를 써넣으시오.

1 100이 2개 / 10이 9개 / 1이 5개 이면 [295]

100이 2개이면 200, 10이 9개이면 90, 1이 5개이면 5야.

2 100이 7개 / 10이 3개 / 1이 6개 이면 ☐

3 100이 9개 / 10이 0개 / 1이 4개 이면 ☐

4 100이 5개 / 10이 2개 / 1이 1개 이면 ☐

5 100이 8개 / 10이 9개 / 1이 0개 이면 ☐

3 각 자리의 숫자가 나타내는 값 알아보기

☐ 안에 알맞은 수를 써넣으시오.

1 535=[500]+[30]+[5]

5는 백의 자리 숫자이므로 500, 3은 십의 자리 숫자이므로 30, 5는 일의 자리 숫자이므로 5를 나타냅니다.

백, 십, 일의 자리 숫자가 나타내는 값을 알아봐.

2 489=400+80+☐

3 716=700+☐+☐

4 348=300+☐+☐

5 620=600+☐+☐

6 194=☐+☐+☐

7 802=☐+☐+☐

4 두 수의 크기 비교하기

두 수의 크기를 비교하여 ○ 안에 > 또는 <를 알맞게 써넣으시오.

1 603 (<) 816

$6<8$

백의 자리 숫자가 클수록 큰 수입니다.

2 715 ○ 594

3 208 ○ 273

4 316 ○ 317

5 903 ○ 899

6 147 ○ 160

7 472 ○ 476

1 1000 알아보기

□ 안에 알맞은 수를 써넣으시오.

1 100이 10개인 수 ⇨ [1000]

1000은 천이라고 읽어.

2 900보다 100만큼 더 큰 수
⇨ □

3 990보다 10만큼 더 큰 수
⇨ □

4 999보다 1만큼 더 큰 수
⇨ □

5 800보다 200만큼 더 큰 수
⇨ □

6 700보다 300만큼 더 큰 수
⇨ □

7 600보다 400만큼 더 큰 수
⇨ □

8 100이 □개인 수 ⇨ 1000

9 900보다 □만큼 더 큰 수
⇨ 1000

10 990보다 □만큼 더 큰 수
⇨ 1000

11 999보다 □만큼 더 큰 수
⇨ 1000

12 800보다 □만큼 더 큰 수
⇨ 1000

13 700보다 □만큼 더 큰 수
⇨ 1000

14 600보다 □만큼 더 큰 수
⇨ 1000

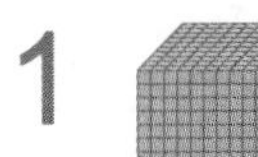

2 몇천 알아보기 (1)

공부한 날 월 일

✷ 알맞은 수를 쓰고 읽어 보시오.

1 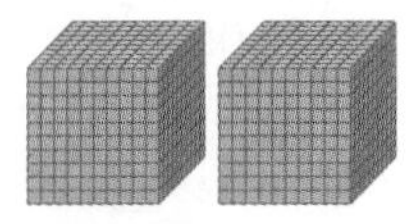

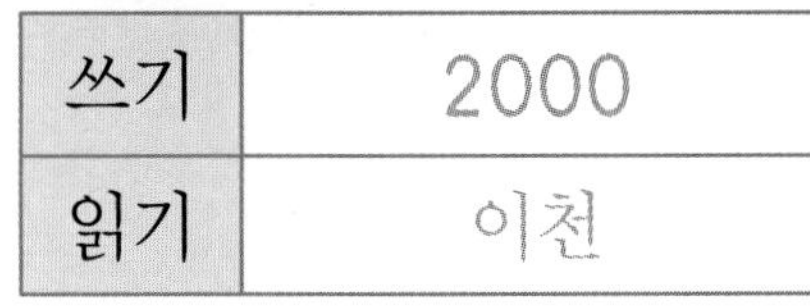

쓰기	2000
읽기	이천

1000이 2개이므로 2000이라 쓰고, 이천이라고 읽습니다.

2 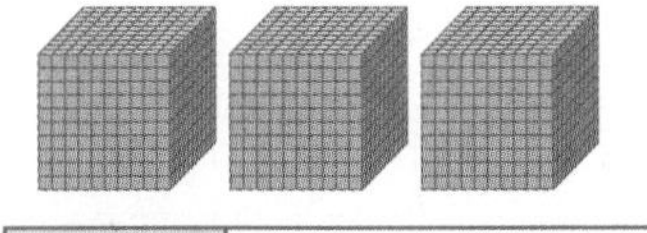

쓰기	
읽기	

3 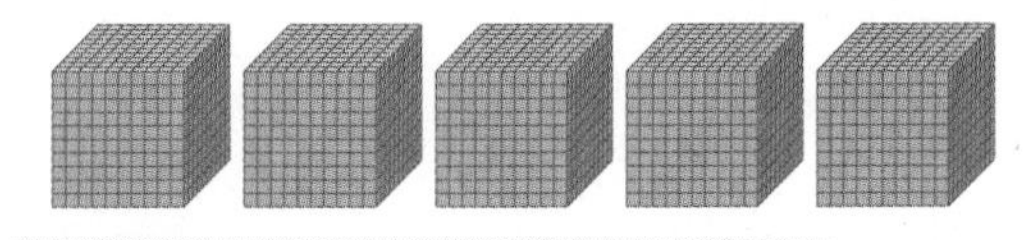

쓰기	
읽기	

4 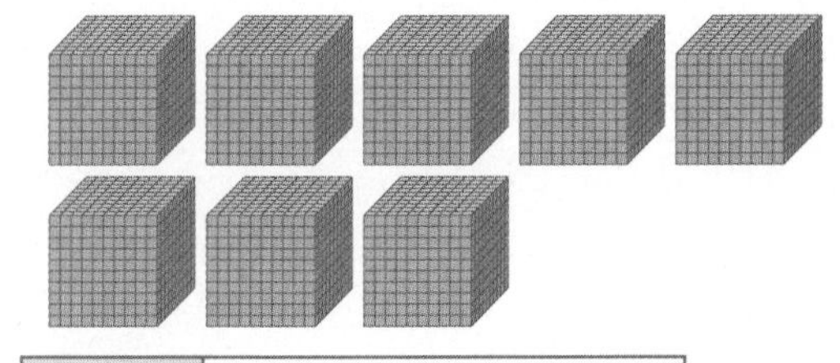

쓰기	
읽기	

5

쓰기	
읽기	

6 

쓰기	
읽기	

7 

쓰기	
읽기	

8 

쓰기	
읽기	

3 몇천 알아보기 (2)

공부한 날 월 일

☀ □ 안에 알맞은 수나 말을 써넣으시오.

1 1000이 4개이면 [4000]이라 쓰고, [사천]이라고 읽습니다.

2 1000이 3개이면 □이라 쓰고, □이라고 읽습니다.

3 1000이 5개이면 □이라 쓰고, □이라고 읽습니다.

4 1000이 9개이면 □이라 쓰고, □이라고 읽습니다.

5 1000이 □개이면 □이라 쓰고, 이천이라고 읽습니다.

6 1000이 □개이면 □이라 쓰고, 칠천이라고 읽습니다.

7 1000이 □개이면 8000이라 쓰고, □이라고 읽습니다.

8 1000이 □개이면 6000이라 쓰고, □이라고 읽습니다.

4 네 자리 수 읽기

공부한 날 월 일

수를 읽어 보시오.

1 1348

⇨ (천삼백사십팔)

천의 자리부터 차례로 읽습니다.

2 7526

⇨ ( )

3 5199

⇨ ( )

4 4278

⇨ ( )

5 7629

⇨ ( )

6 1304

⇨ ( )

7 3052

⇨ ( )

8 2958

⇨ ( )

9 4337

⇨ ( )

10 3650

⇨ ( )

11 2047

⇨ ( )

12 1965

⇨ ( )

13 5236

⇨ ( )

14 8007

⇨ ( )

5 네 자리 수 쓰기

공부한 날 월 일

✸ 수를 써 보시오.

1 삼천육백사십오

⇨ (3645)

■천▲백●십★을 수로 쓰면 ■▲●★이야.

2 오천사백팔십구

⇨ ( )

3 칠천육백이십삼

⇨ ( )

4 이천오백삼십이

⇨ ( )

5 사천구백팔

⇨ ( )

6 천삼백칠십육

⇨ ( )

7 육천칠백이십

⇨ ( )

8 팔천이백칠십삼

⇨ ( )

9 칠천오백팔십육

⇨ ( )

10 천육십이

⇨ ( )

11 육천삼백사십구

⇨ ( )

12 사천육

⇨ ( )

13 오천칠백삼

⇨ ( )

14 이천구백삼십오

⇨ ( )

6 네 자리 수 알아보기 (1)

공부한 날 월 일

✹ □ 안에 알맞은 수를 써넣으시오.

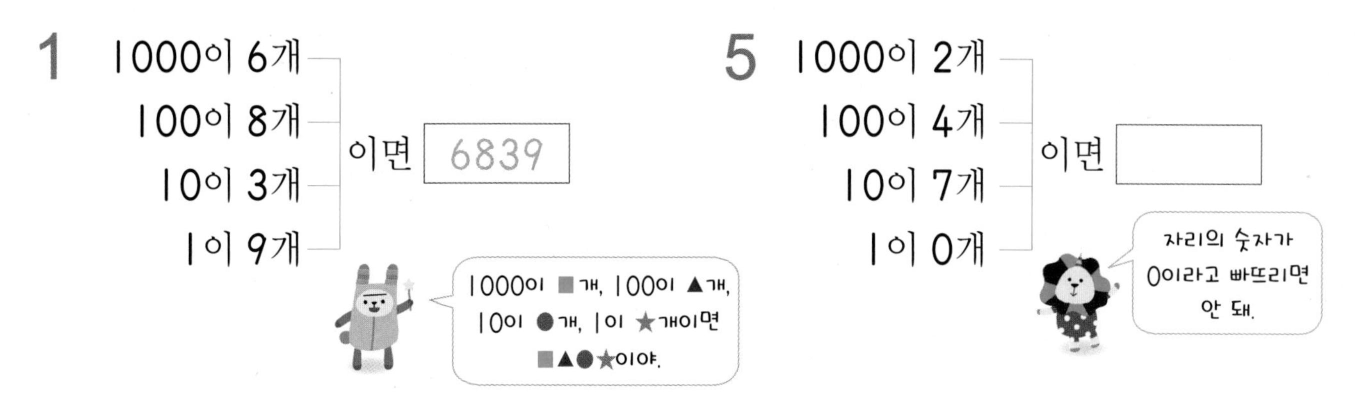

1 1000이 6개, 100이 8개, 10이 3개, 1이 9개이면 6839

2 1000이 5개, 100이 4개, 10이 2개, 1이 1개이면 □

3 1000이 1개, 100이 0개, 10이 8개, 1이 7개이면 □

4 1000이 8개, 100이 4개, 10이 0개, 1이 3개이면 □

5 1000이 2개, 100이 4개, 10이 7개, 1이 0개이면 □

6 1000이 3개, 100이 9개, 10이 0개, 1이 5개이면 □

7 1000이 6개, 100이 3개, 10이 5개, 1이 2개이면 □

8 1000이 7개, 100이 0개, 10이 0개, 1이 4개이면 □

1 네 자리 수

7 네 자리 수 알아보기 (2)

공부한 날 월 일

✱ □ 안에 알맞은 수를 써넣으시오.

1

2374는
- 1000이 [2]개
- 100이 [3]개
- 10이 [7]개
- 1이 [4]개

2374
- → 천의 자리 숫자
- → 백의 자리 숫자
- → 십의 자리 숫자
- → 일의 자리 숫자

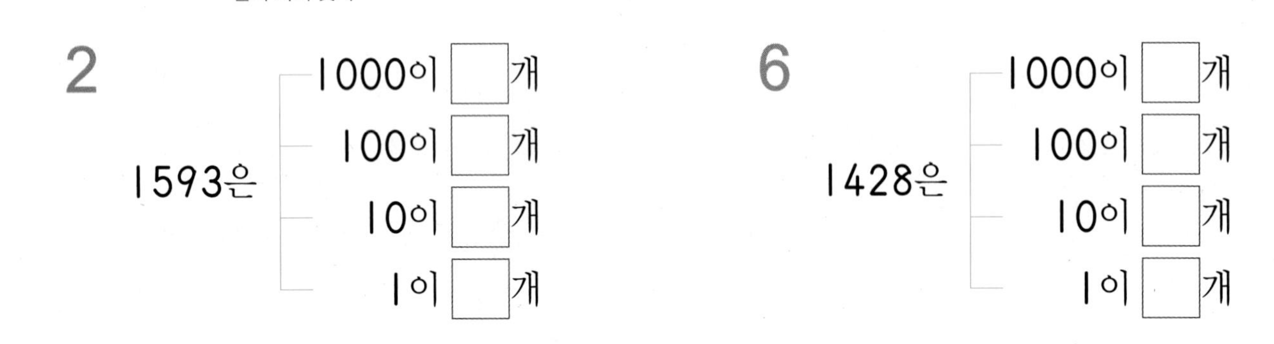

2

1593은
- 1000이 □개
- 100이 □개
- 10이 □개
- 1이 □개

3

6048은
- 1000이 □개
- 100이 □개
- 10이 □개
- 1이 □개

4

9750은
- 1000이 □개
- 100이 □개
- 10이 □개
- 1이 □개

5

7659는
- 1000이 □개
- 100이 □개
- 10이 □개
- 1이 □개

6

1428은
- 1000이 □개
- 100이 □개
- 10이 □개
- 1이 □개

7

5903은
- 1000이 □개
- 100이 □개
- 10이 □개
- 1이 □개

8

3051은
- 1000이 □개
- 100이 □개
- 10이 □개
- 1이 □개

8 네 자리 수 알아보기 (3)

공부한 날 월 일

모두 얼마인지 쓰시오.

1000원, 100원, 10원, 1원의 수를 각각 세어 봐.

1 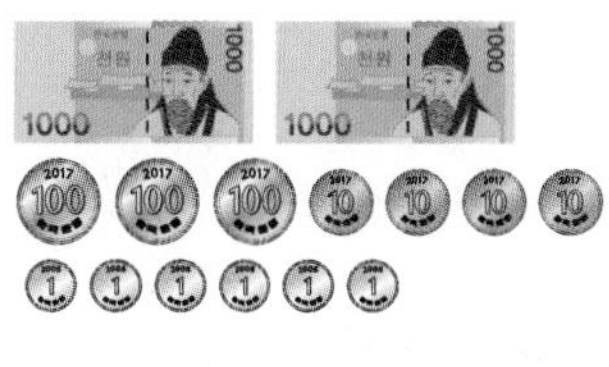

(2346원)

1000원이 2장이면 2000원, 100원이 3개이면 300원, 10원이 4개이면 40원, 1원이 6개이면 6원이므로 모두 2346원입니다.

5 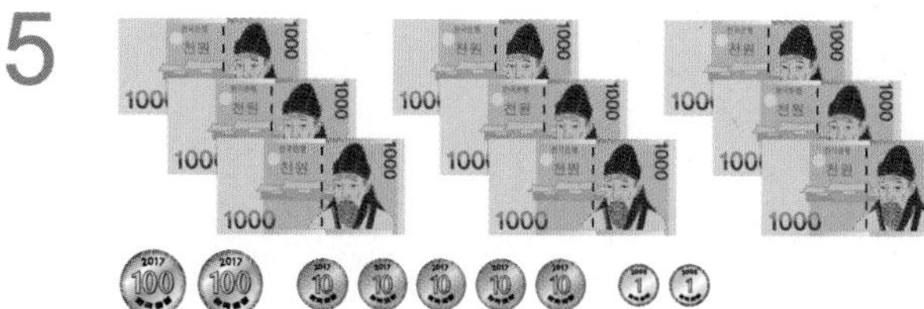

( )

2 

( )

6 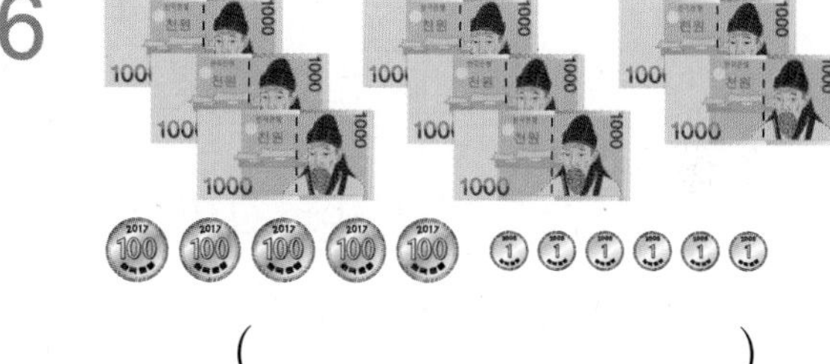

( )

3 

( )

7 

( )

4 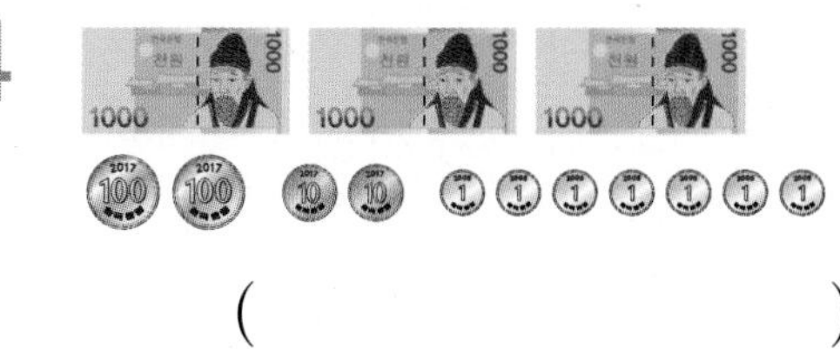

( )

8 

( )

1 네 자리 수

9 각 자리의 숫자 알아보기 (1)

공부한 날 월 일

□ 안에 알맞은 수를 써넣으시오.

1

4298에서
- [4]는 천의 자리 숫자이고, [4000]을 나타냅니다.
- [2]는 백의 자리 숫자이고, [200]을 나타냅니다.
- [9]는 십의 자리 숫자이고, [90]을 나타냅니다.
- [8]은 일의 자리 숫자이고, [8]을 나타냅니다.

같은 숫자라도 자리에 따라 나타내는 값이 달라.

2

8124에서
- □은 천의 자리 숫자이고, □을 나타냅니다.
- □은 백의 자리 숫자이고, □을 나타냅니다.
- □는 십의 자리 숫자이고, □을 나타냅니다.
- □는 일의 자리 숫자이고, □를 나타냅니다.

3

2356에서
- □는 천의 자리 숫자이고, □을 나타냅니다.
- □은 백의 자리 숫자이고, □을 나타냅니다.
- □는 십의 자리 숫자이고, □을 나타냅니다.
- □은 일의 자리 숫자이고, □을 나타냅니다.

4

3567에서
- □은 천의 자리 숫자이고, □을 나타냅니다.
- □는 백의 자리 숫자이고, □을 나타냅니다.
- □은 십의 자리 숫자이고, □을 나타냅니다.
- □은 일의 자리 숫자이고, □을 나타냅니다.

10 각 자리의 숫자 알아보기 (2)

공부한 날 월 일

✹ □ 안에 알맞은 수를 써넣으시오.

1 1346= 1000 + 300 + 40 + 6

1은 천의 자리 숫자이므로 1000, 3은 백의 자리 숫자이므로 300, 4는 십의 자리 숫자이므로 40, 6은 일의 자리 숫자이므로 6을 나타냅니다.

2 5731= □ + □ + □ + □

3 4829= □ + □ + □ + □

4 6067= □ + □ + □ + □

5 3804= □ + □ + □ + □

6 1955= □ + □ + □ + □

7 7608= □ + □ + □ + □

11 각 자리의 숫자 알아보기 (3)

✹ 숫자 3이 나타내는 값을 써 보시오.

1 5763 ⇨ (3)

3은 일의 자리 숫자이므로 3을 나타냅니다.

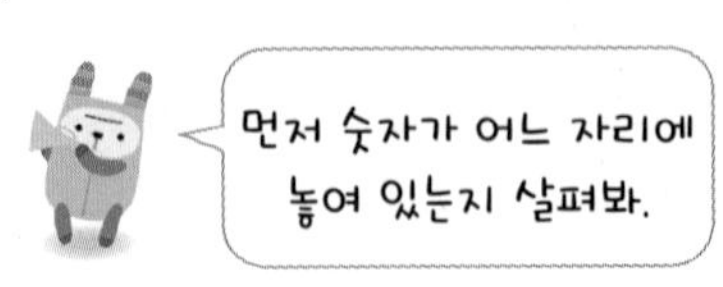

2 3029 ⇨ ( )

3 4350 ⇨ ( )

4 7638 ⇨ ( )

5 3792 ⇨ ( )

6 8403 ⇨ ( )

7 2834 ⇨ ( )

✹ 숫자 5가 나타내는 값을 써 보시오.

8 8453 ⇨ ( )

9 4503 ⇨ ( )

10 6175 ⇨ ( )

11 5926 ⇨ ( )

12 2857 ⇨ ( )

13 4765 ⇨ ( )

14 1537 ⇨ ( )

12 각 자리의 숫자 알아보기 (4)

공부한 날 월 일

밑줄 친 숫자가 나타내는 값이 가장 큰 수를 찾아 ○표 하시오.

1 | $985\underline{7}$ | ($\underline{7}001$) | $4\underline{7}35$ | $50\underline{7}2$

숫자 7이 나타내는 값은 각각 7, 7000, 700, 70입니다.

2 | $\underline{6}502$ | $45\underline{6}8$ | $100\underline{6}$ | $9\underline{6}27$

3 | $46\underline{1}8$ | $\underline{1}234$ | $5\underline{1}09$ | $756\underline{1}$

4 | $34\underline{2}7$ | $5\underline{2}69$ | $107\underline{2}$ | $\underline{2}143$

5 | $1\underline{4}90$ | $87\underline{4}1$ | $\underline{4}325$ | $985\underline{4}$

6 | $976\underline{5}$ | $2\underline{5}37$ | $87\underline{5}9$ | $\underline{5}420$

7 | $4\underline{3}08$ | $\underline{3}728$ | $700\underline{3}$ | $56\underline{3}1$

1 네 자리 수

13 1000씩 뛰어 세기

공부한 날 월 일

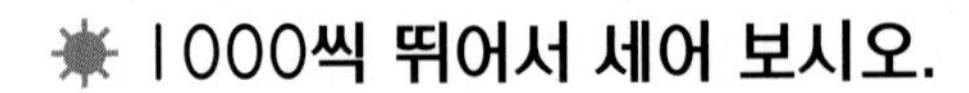

1000씩 뛰어서 세어 보시오.

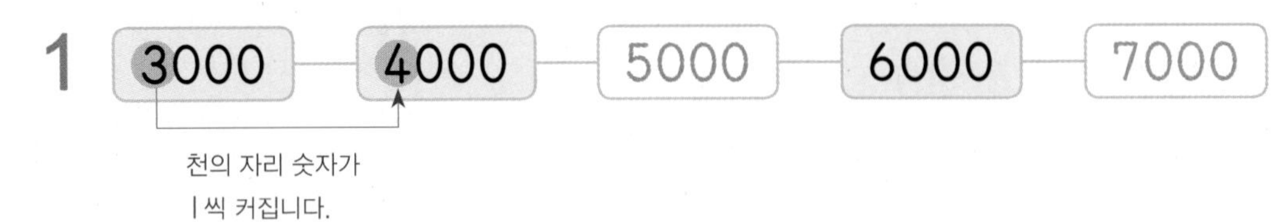

1. 3000 — 4000 — 5000 — 6000 — 7000

천의 자리 숫자가 1씩 커집니다.

2. 2001 — 3001 — ☐ — 5001 — ☐ — ☐

3. 4050 — ☐ — 6050 — ☐ — ☐ — 9050

4. 1800 — 2800 — ☐ — ☐ — 5800 — ☐

5. ☐ — 3610 — ☐ — 5610 — 6610 — ☐

6. 3581 — ☐ — 5581 — 6581 — ☐ — ☐

7. ☐ — 2749 — 3749 — ☐ — ☐ — 6749

14 100씩 뛰어 세기

공부한 날 월 일

✹ 100씩 뛰어서 세어 보시오.

1

2

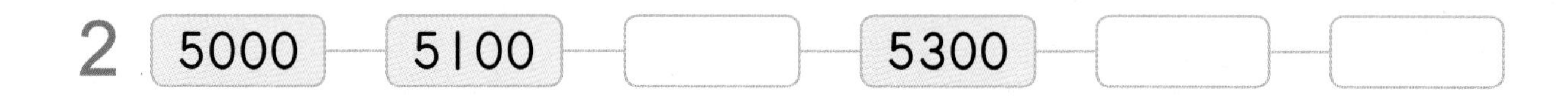

3

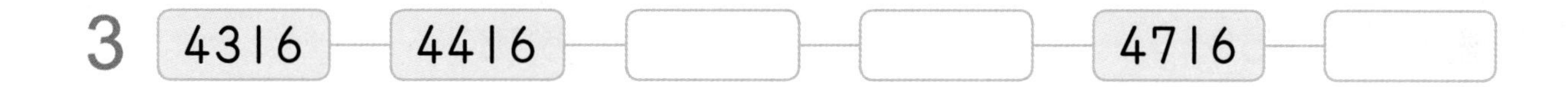

4

5

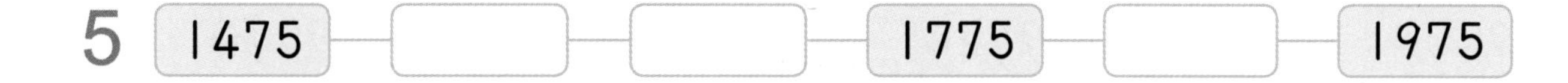

6

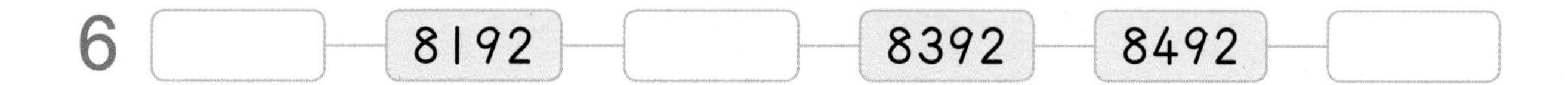

7 [ ] — 6490 — 6590 — [ ] — [ ] — 6890

15 10씩 뛰어 세기

공부한 날 월 일

✹ 10씩 뛰어서 세어 보시오.

1

2
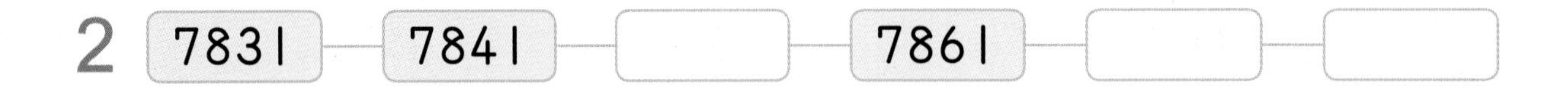

3

4 4016 — ☐ — ☐ — 4046 — ☐ — 4066

5 9700 — ☐ — 9720 — ☐ — ☐ — 9750

6 ☐ — 6544 — 6554 — ☐ — ☐ — 6584

7 ☐ — 2220 — ☐ — 2240 — 2250 — ☐

공부한 날 월 일

1 네 자리 수

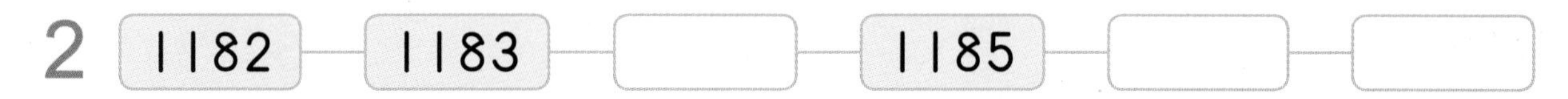

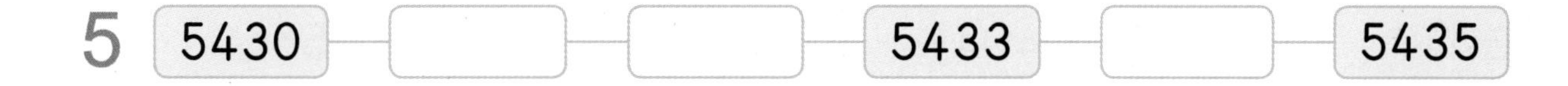

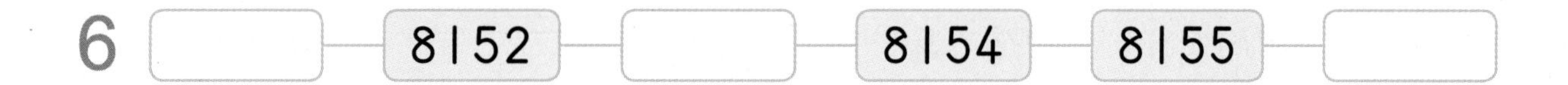

17 여러 가지 규칙으로 뛰어 세기 (1)

공부한 날 월 일

✸ 뛰어 세는 규칙에 맞게 빈칸에 알맞은 수를 써넣으시오.

1 3500 — 3520 — 3540 — 3560 — 3580

십의 자리 숫자가 2씩 커지므로 20씩 뛰어 세는 규칙입니다.

2 4017 — 4217 — ☐ — 4617 — ☐ — 5017

3 2730 — 2735 — ☐ — ☐ — 2750 — ☐

4 ☐ — 5616 — 5620 — 5624 — ☐ — 5632

5 3049 — ☐ — 4049 — 4549 — ☐ — 5549

6 ☐ — 7135 — 7165 — 7195 — ☐ — ☐

7 ☐ — 1640 — ☐ — 2440 — 2840 — ☐

18 여러 가지 규칙으로 뛰어 세기 (2)

공부한 날 월 일

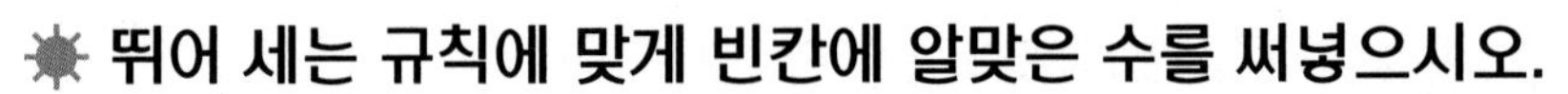

뛰어 세는 규칙에 맞게 빈칸에 알맞은 수를 써넣으시오.

뛰어 세기를 할 때에는 수가 작아지는 경우도 있다는 것에 주의해.

1

2

3

4

5

6

7

19 수 모형으로 두 수의 크기 비교하기

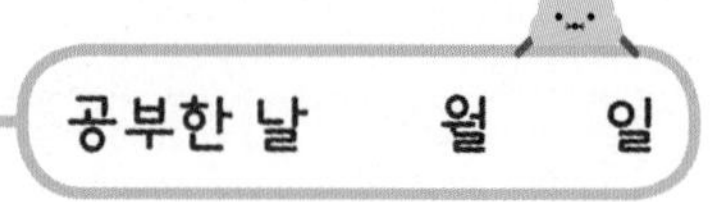

공부한 날 월 일

✹ 두 수의 크기를 비교하여 ○ 안에 > 또는 <를 알맞게 써넣으시오.

천, 백, 십, 일 모형의 수를 비교해 봐. 더 큰 수를 나타내는 수 모형이 많은 것이 더 큰 수야.

1

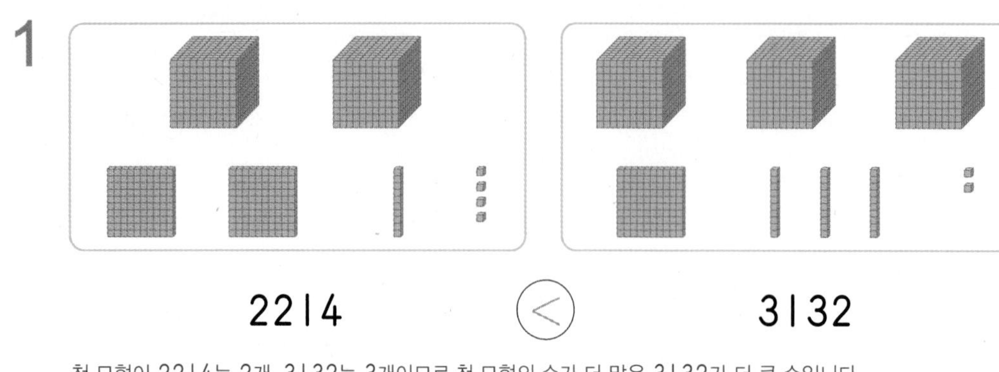

2214 (<) 3132

천 모형이 2214는 2개, 3132는 3개이므로 천 모형의 수가 더 많은 3132가 더 큰 수입니다.

2

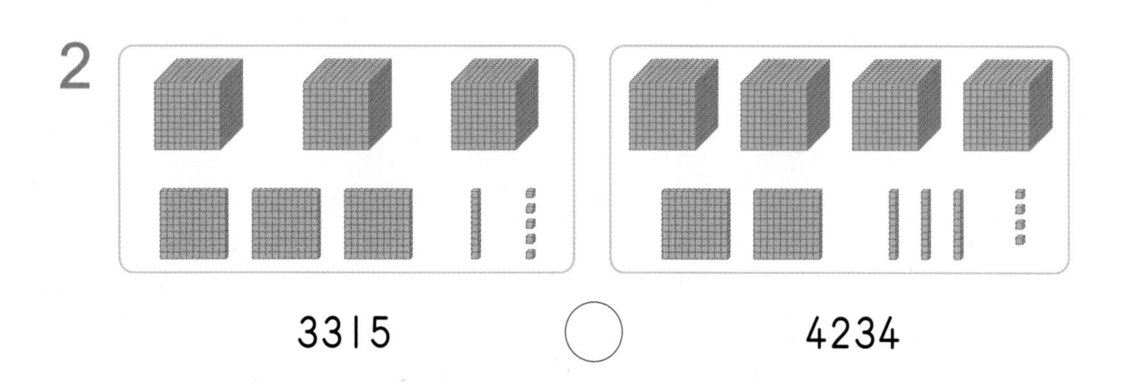

3315 ( ) 4234

3

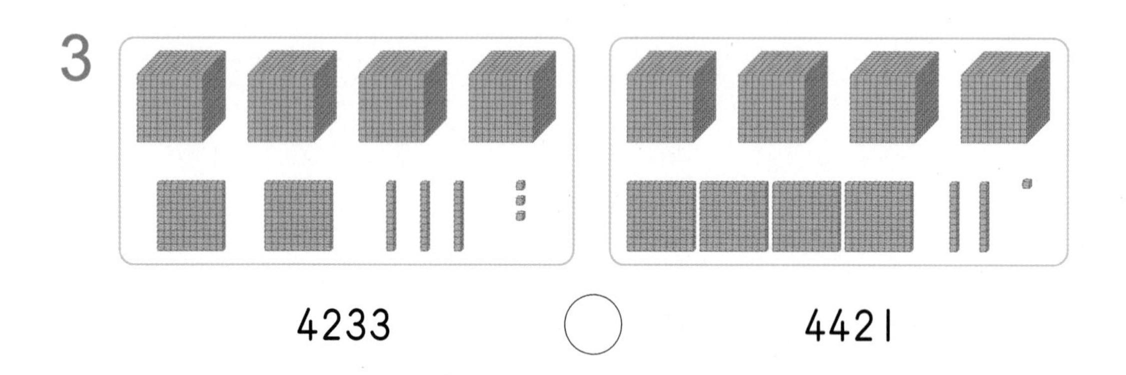

4233 ( ) 4421

4

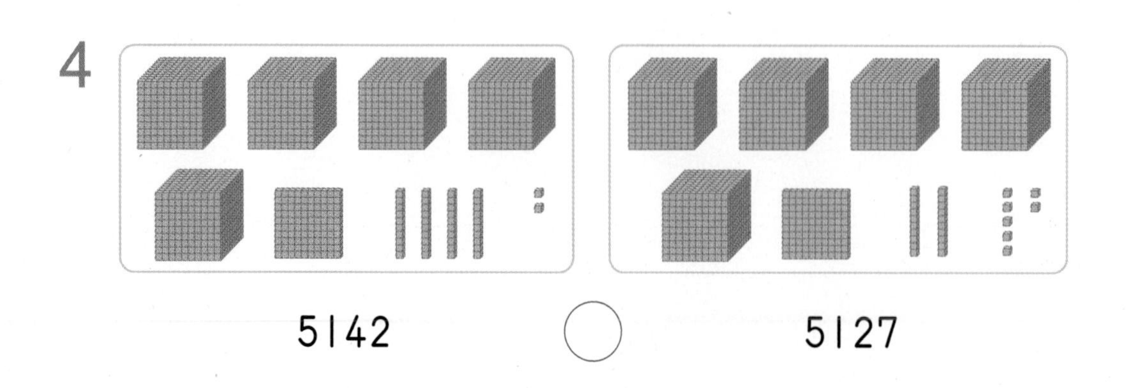

5142 ( ) 5127

20 수직선으로 두 수의 크기 비교하기

공부한 날 월 일

✸ 두 수의 크기를 비교하여 ○ 안에 > 또는 <를 알맞게 써넣으시오.

1

2500 2600 2700 2800 2900 3000 3100

2700 (<) 3000

2

3500 3600 3700 3800 3900 4000 4100

4100 ○ 3600

3

4917 5017 5117 5217 5317 5417 5517

5017 ○ 5417

4

5610 5710 5810 5910 6010 6110 6210

6010 ○ 5810

5

6342 6343 6344 6345 6346 6347 6348

6343 ○ 6347

6

7872 7882 7892 7902 7912 7922 7932

7872 ○ 7912

21 네 자리 수의 크기 비교 (1)

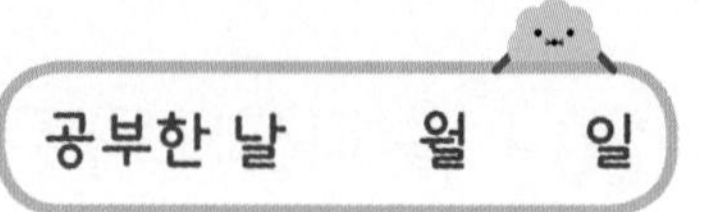

✹ 두 수의 크기를 비교하여 ○ 안에 > 또는 <를 알맞게 써넣으시오.

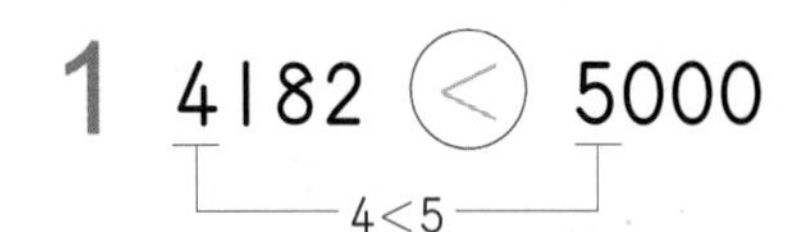

1 4182 (<) 5000

2 6907 ○ 7824

3 8792 ○ 5498

4 2456 ○ 1320

5 5678 ○ 9111

6 4216 ○ 3847

7 6109 ○ 2035

8 1537 ○ 5482

9 9051 ○ 6177

10 7758 ○ 4269

11 3697 ○ 6194

12 8592 ○ 9591

13 4130 ○ 2048

14 7584 ○ 6999

22 네 자리 수의 크기 비교 (2)

✹ 두 수의 크기를 비교하여 ○ 안에 > 또는 <를 알맞게 써넣으시오.

1 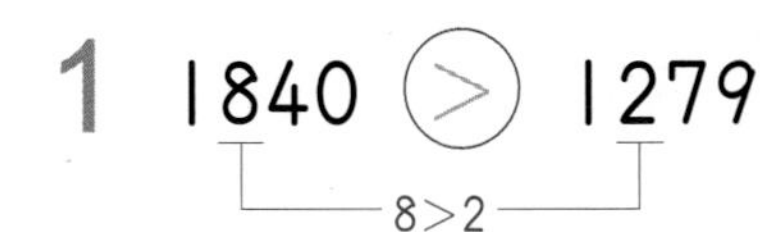

2 6539 ○ 6417

3 2608 ○ 2316

4 4934 ○ 4427

5 5608 ○ 5068

6 3165 ○ 3528

7 9703 ○ 9368

8 5215 ○ 5483

9 7168 ○ 7200

10 5789 ○ 5963

11 3843 ○ 3219

12 1967 ○ 1188

13 6215 ○ 6062

14 2456 ○ 2798

23 네 자리 수의 크기 비교 (3)

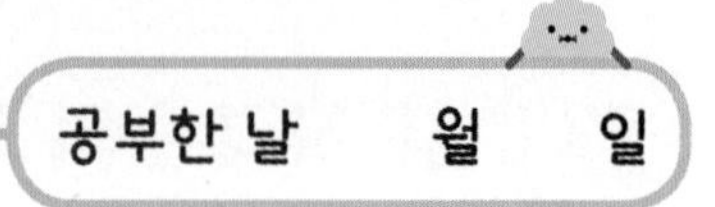

✸ 두 수의 크기를 비교하여 ○ 안에 > 또는 <를 알맞게 써넣으시오.

1 5719 (<) 5760

1<6

2 2027 ○ 2077

3 6394 ○ 6307

4 1384 ○ 1369

5 4387 ○ 4390

6 7234 ○ 7205

7 2543 ○ 2512

8 3769 ○ 3728

9 4043 ○ 4032

10 5874 ○ 5857

11 9315 ○ 9384

12 3430 ○ 3490

13 8572 ○ 8591

14 6307 ○ 6358

24 네 자리 수의 크기 비교 (4)

공부한 날 월 일

✸ 두 수의 크기를 비교하여 ○ 안에 > 또는 <를 알맞게 써넣으시오.

1 7465 (>) 7463

5>3

2 2891 ◯ 2890

3 5064 ◯ 5063

4 8353 ◯ 8359

5 1567 ◯ 1569

6 3245 ◯ 3248

7 4892 ◯ 4895

8 6275 ◯ 6278

9 9831 ◯ 9832

10 7036 ◯ 7035

11 5746 ◯ 5749

12 8357 ◯ 8352

13 6995 ◯ 6992

14 3198 ◯ 3191

25 네 자리 수의 크기 비교 (5)

공부한 날 월 일

✹ 두 수의 크기를 비교한 것입니다. 옳은 것에 ○표, 틀린 것에 ×표 하시오.

1 $2891 < 3076$

(○)

천의 자리 숫자를 비교하면 $2 < 3$이므로 $2891 < 3076$입니다.

2 $5742 < 5699$

( )

3 $4361 > 4352$

( )

4 $1087 < 1089$

( )

5 $5234 > 7000$

( )

6 $3591 < 3426$

( )

7 $6427 > 6405$

( )

8 $4781 < 8417$

( )

9 $9423 > 9503$

( )

10 $8667 > 8676$

( )

26 네 자리 수의 크기 비교 (6)

공부한 날 　월 　일

✹ 두 수를 보고 □ 안에 알맞은 수를 써넣으시오.

두 수의 크기를 먼저 비교해야 해.

1 　2634 　1975 ⇨ [2634]는 [1975]보다 큽니다.

2634 > 1975이므로 2634는 1975보다 큽니다. 또는 1975는 2634보다 작습니다.라고 말할 수 있습니다.

2 　4253 　4271 ⇨ □은 □보다 작습니다.

3 　6279 　6182 ⇨ □는 □보다 큽니다.

4 　8156 　9423 ⇨ □은 □보다 작습니다.

5 　3480 　3097 ⇨ □은 □보다 작습니다.

6 　1760 　2870 ⇨ □은 □보다 큽니다.

7 　5978 　6543 ⇨ □은 □보다 큽니다.

27 일부가 보이지 않는 수의 크기 비교

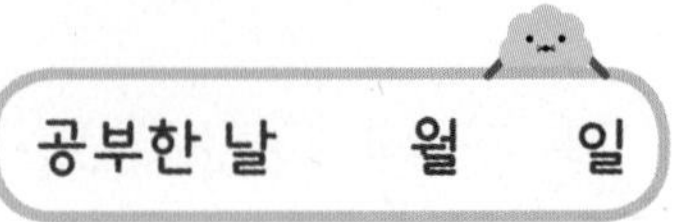

■ 안에는 0부터 9까지의 수가 들어갈 수 있습니다. 두 수의 크기를 비교하여 ○ 안에 > 또는 <를 알맞게 써넣으시오.

1 3■28 (>) 2988

■ 안의 숫자가 0이어도
3■28>2988입니다.

2 4877 ○ 47■0

3 261■ ○ 2634

4 5955 ○ 5■17

5 14■3 ○ 8681

6 9041 ○ 9■42

7 6■56 ○ 6026

8 7230 ○ 73■6

9 1■28 ○ 2034

10 6749 ○ 70■4

11 351■ ○ 3072

12 8973 ○ 8■49

13 43■6 ○ 4108

14 2358 ○ 3■29

28 수 카드로 가장 큰 네 자리 수 만들기

공부한 날 월 일

✺ 주어진 수 카드를 한 번씩만 사용하여 가장 큰 네 자리 수를 만들어 보시오.

1

(7641)

천의 자리에 가장 큰 숫자인 7을 놓고, 백의 자리에 6, 십의 자리에 4, 일의 자리에 1을 놓아 가장 큰 네 자리 수인 7641을 만듭니다.

6

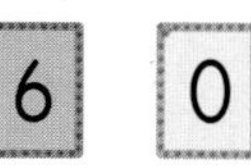

( )

2

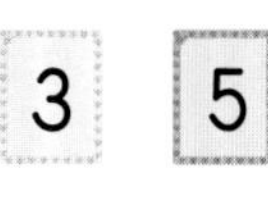

( )

7

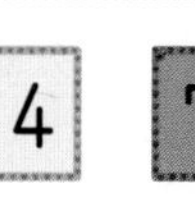

( )

3
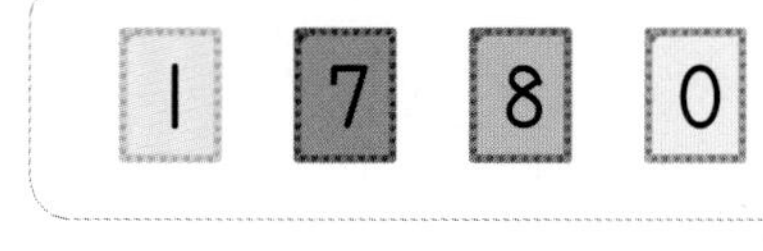

( )

8 3 2

( )

4
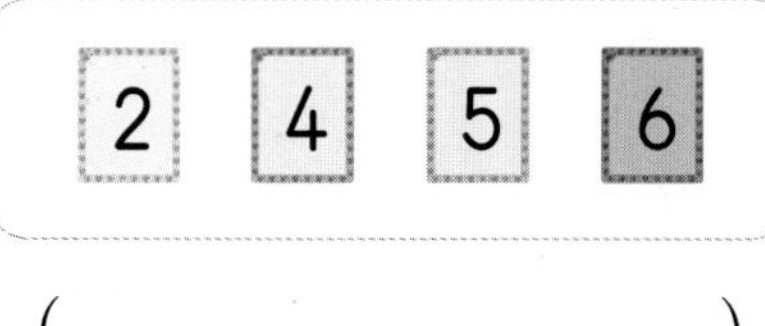

( )

9
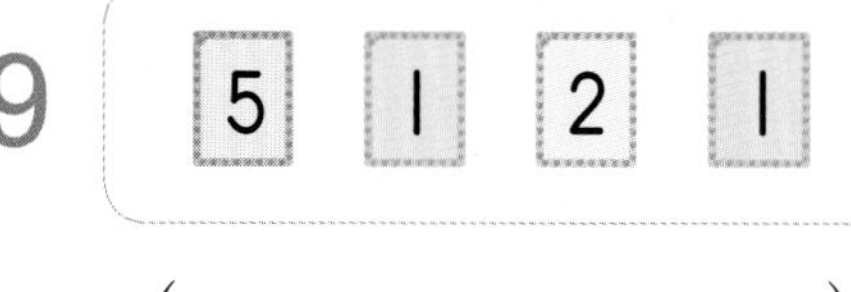

( )

5
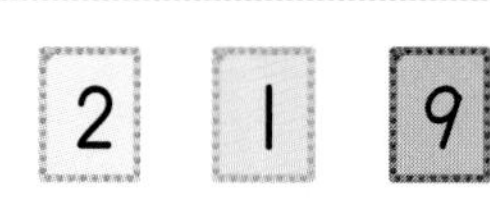

( )

10

( )

1 네 자리 수

29 수 카드로 가장 작은 네 자리 수 만들기

공부한 날 월 일

✹ 주어진 수 카드를 한 번씩만 사용하여 가장 작은 네 자리 수를 만들어 보시오.

천의 자리에 0을 놓으면 네 자리 수가 될 수 없어.

1

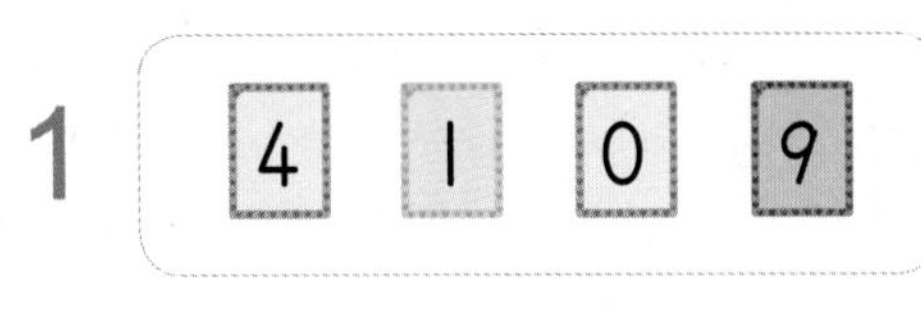

(1049)

천의 자리에 0을 놓을 수 없으므로 두 번째로 작은 1을 천의 자리에 놓고, 백의 자리에 0, 십의 자리에 4, 일의 자리에 9를 놓아 가장 작은 네 자리 수인 1049를 만듭니다.

2

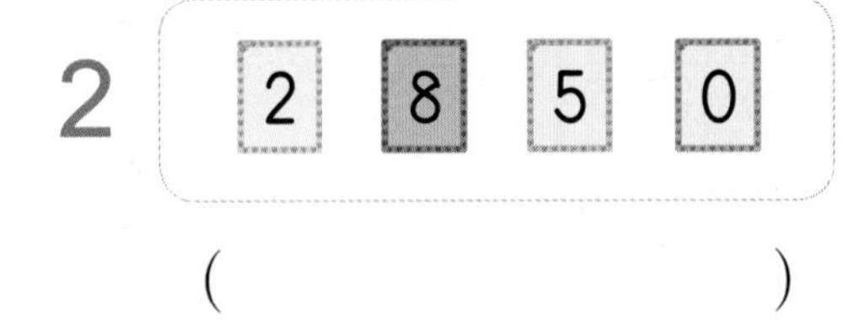

( )

3

( )

4

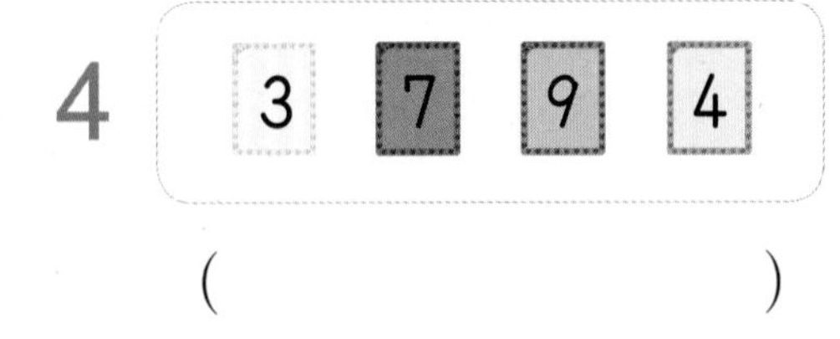

( )

5 7 5 0 1

( )

6 5 3 2 9

( )

7 1 6 7 4

( )

8

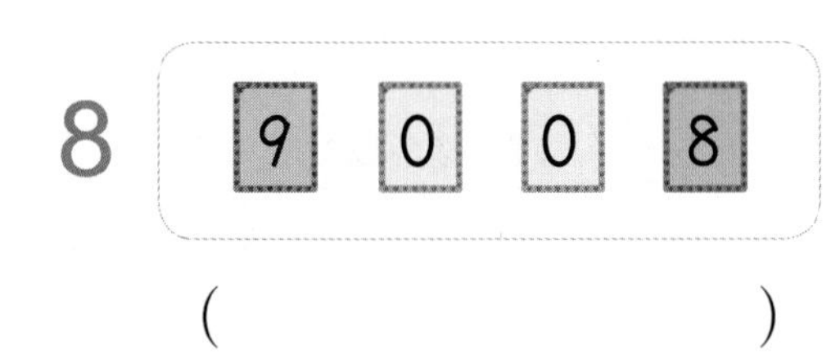

( )

9 4 2 6 5

( )

10 5 1 3 3

( )

공부한 날 월 일

네 자리 수의 크기를 비교했습니다. □ 안에 들어갈 수 있는 숫자를 모두 쓰시오.

1 

(7, 8, 9)

1678>1675이므로 □ 안에 6은 들어갈 수 없습니다.

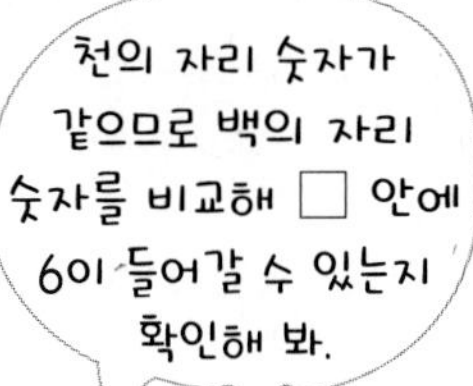

6 8759 < □764

( )

2 2□59 < 2437

( )

7 1520 > 1□38

( )

3 76□7 > 7668

( )

8 59□5 < 5946

( )

4 8512 > 851□

( )

9 324□ > 3248

( )

5 5469 < 54□8

( )

10 6□89 < 6397

( )

1 □ 안에 알맞은 수나 말을 써넣으시오.

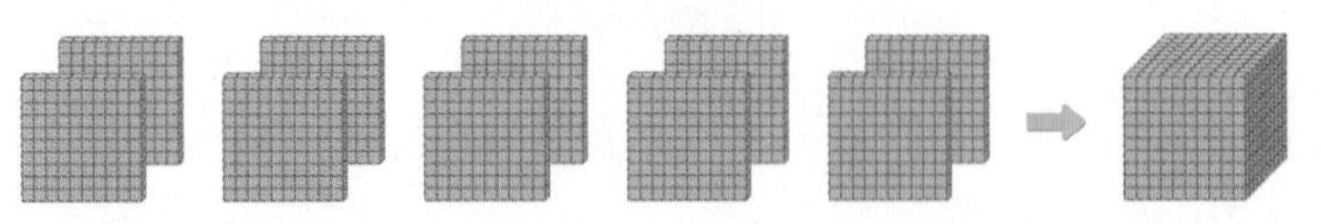

(1) 100이 10개이면 [   ]이고, [ ]이라고 읽습니다.

(2) 700보다 [   ]만큼 더 큰 수는 1000입니다.

• 100이 10개인 수 ⇨ 1000

2 다음은 단비가 모은 돈입니다. 모두 얼마입니까?

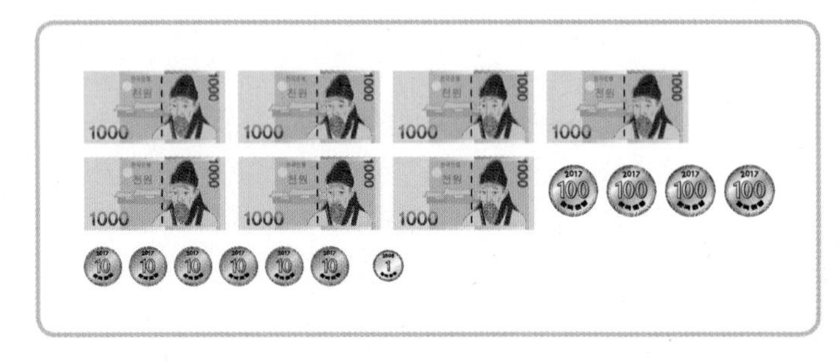

(   )

1000원짜리, 100원짜리, 10원짜리, 1원짜리가 각각 몇 개인지 세어 봐.

[3~4] □ 안에 알맞은 수를 써넣으시오.

3

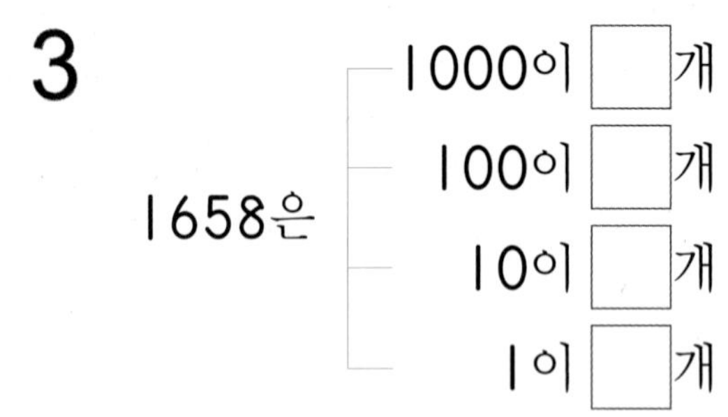

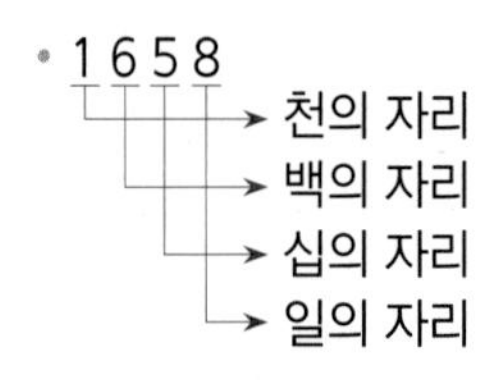

4

1000이 8개
100이 4개
10이 0개
1이 7개
이면 [   ]

• 1000이 8개이면 8000, 100이 4개이면 400, 10이 0개이면 0, 1이 7개이면 7입니다.

5 뛰어 세는 규칙에 맞게 빈칸에 알맞은 수를 써넣으시오.

6 두 수의 크기를 비교하여 ○ 안에 > 또는 <를 알맞게 써넣으시오.

(1) 4528  5432 (2) 7637 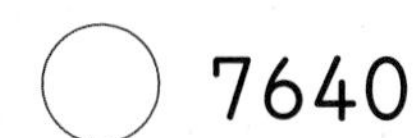 7640

• 천의 자리, 백의 자리, 십의 자리, 일의 자리 순서로 크기를 비교합니다.

7 다음 수 카드를 한 번씩만 사용하여 가장 큰 네 자리 수와 가장 작은 네 자리 수를 만들어 보시오.

5	9	6	0

가장 큰 수 (　　　　　　)

가장 작은 수 (　　　　　　)

• 천의 자리에 0이 올 수 없다는 것에 주의합니다.

8 학교별로 학생 수를 나타낸 것입니다. 학생 수가 가장 많은 학교는 어느 학교입니까?

천재초등학교
1928명

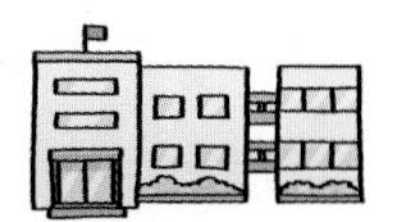
박사초등학교
2007명

우등생초등학교
2001명

(　　　　　　)

• 두 수씩 차례로 비교해도 되고, 세 수를 한꺼번에 비교해도 됩니다.

1 네 자리 수

QR 코드를 찍어 보세요.
문제 생성기 새로운 문제를 계속 풀 수 있어요.
학습 게임 재미있는 학습 게임을 할 수 있어요.

곱셈구구

QR 코드를 찍어 보세요.
재미있는 학습 게임을
할 수 있어요.

제2화 하얀 공의 게임 전략은 무엇?

×	1	2	3	4	5	6	7	8	9
5	5	10	15	20	25	30	35	40	45

+5 +5 +5 +5 +5 +5 +5 +5

➔ 5단 곱셈구구에서 곱은 5씩 커집니다.

이미 배운 내용

[2-1 곱셈]
- 여러 가지 방법으로 세기
- 몇의 몇 배 알아보기
- 곱셈식 알아보기
- 곱셈 활용하기

이번에 배울 내용

- 2, 5, 3, 6단 곱셈구구
- 4, 8, 7, 9단 곱셈구구
- 1단 곱셈구구
- 0과 어떤 수의 곱
- 곱셈표 만들기

앞으로 배울 내용

[3-1 곱셈]
- (몇십)×(몇) 계산하기
- (두 자리 수)×(한 자리 수) 계산하기
- 곱셈 활용하기

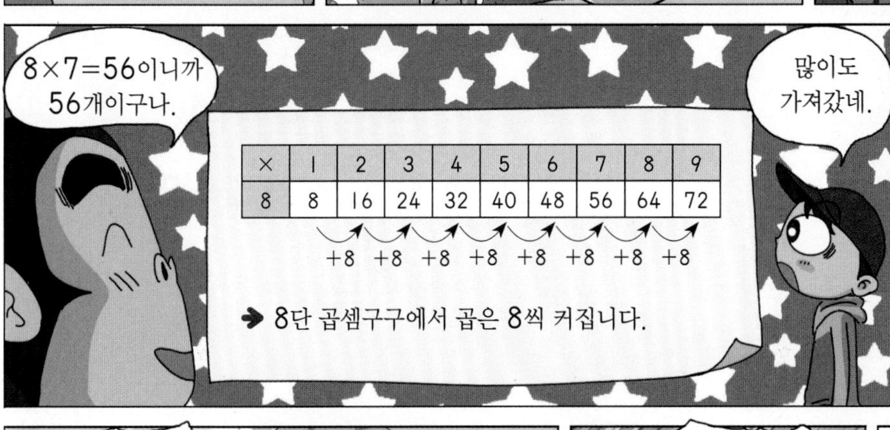

×	1	2	3	4	5	6	7	8	9
8	8	16	24	32	40	48	56	64	72

+8 +8 +8 +8 +8 +8 +8 +8

➔ 8단 곱셈구구에서 곱은 8씩 커집니다.

배운 것 확인하기

1 묶어 세기

✹ 묶어 세어 보고 모두 몇 개인지 구하시오.

1

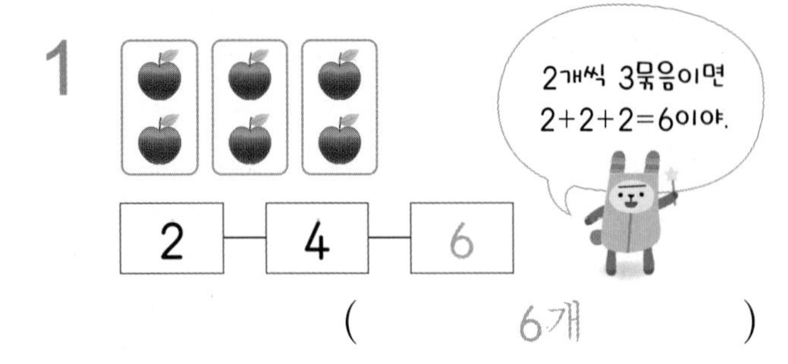

(6개)

2

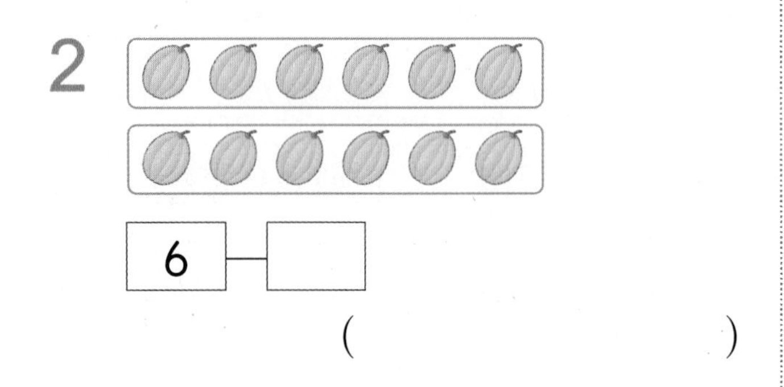

( )

3

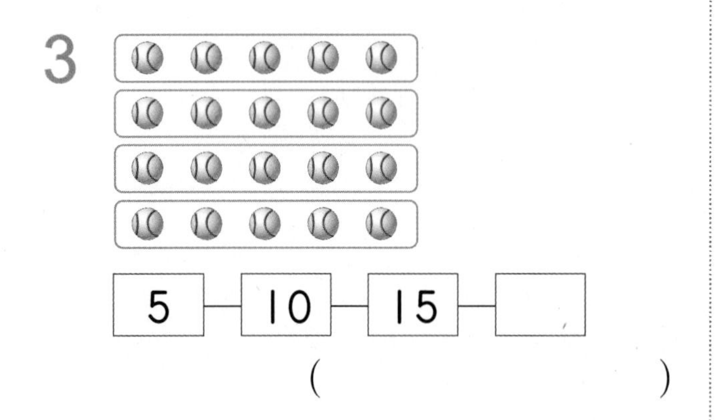

( )

4

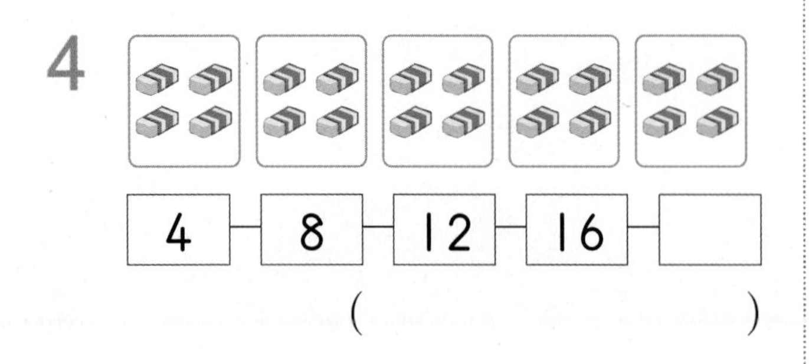

( )

2 몇의 몇 배를 알아보기

✹ 그림을 보고 □ 안에 알맞은 수를 써넣으시오.

1

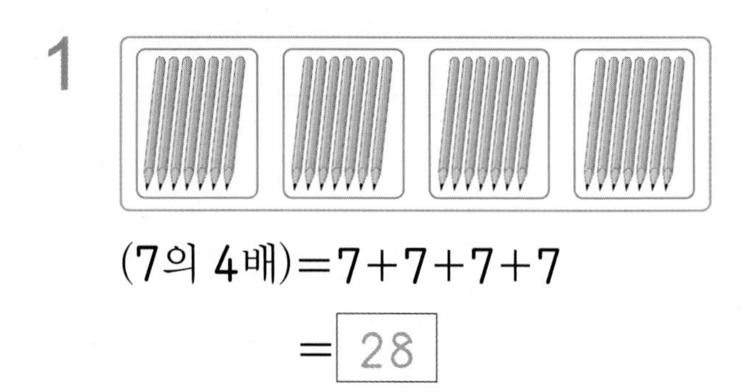

(7의 4배)$=7+7+7+7$

$=$ 28

2

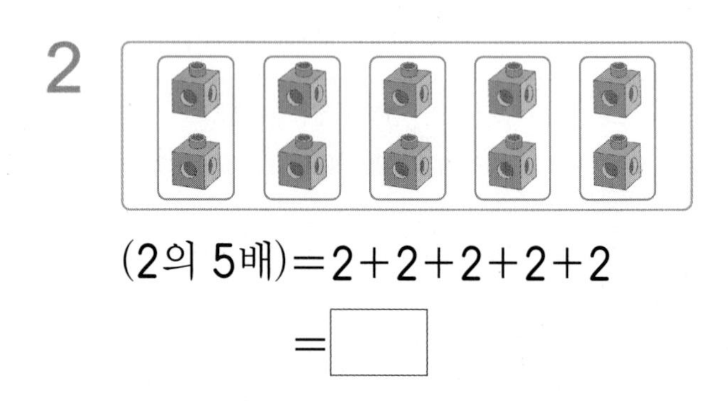

(2의 5배)$=2+2+2+2+2$

$=$ □

3

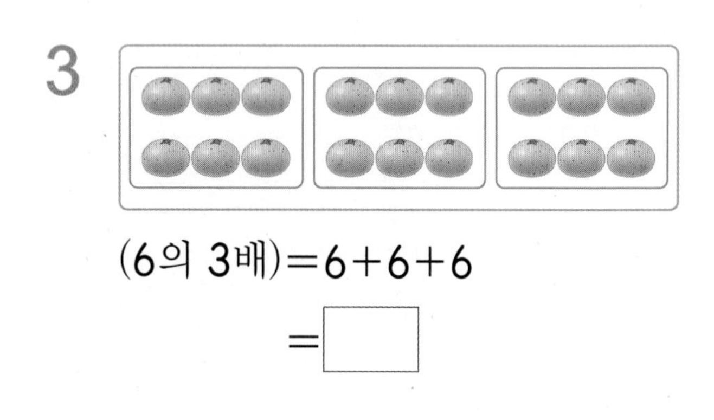

(6의 3배)$=6+6+6$

$=$ □

4

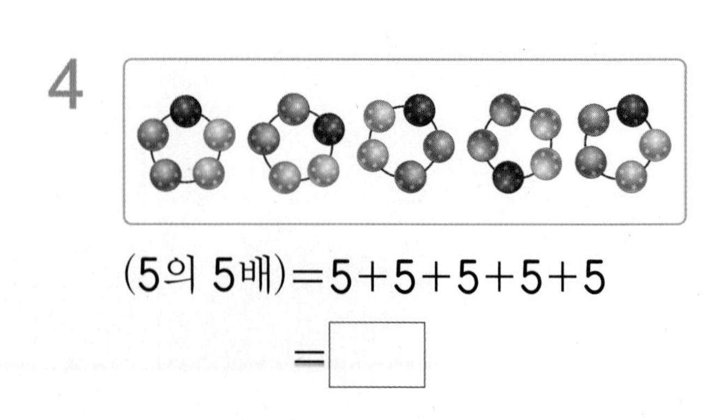

(5의 5배)$=5+5+5+5+5$

$=$ □

3 곱셈식 알아보기

✸ **다음을 곱셈식으로 나타내시오.**

1 9 곱하기 4는 36과 같습니다.

⇨ 9 × 4 = 36

2 7 곱하기 6은 42와 같습니다.

⇨ □ × □ = □

3 8 곱하기 3은 24와 같습니다.

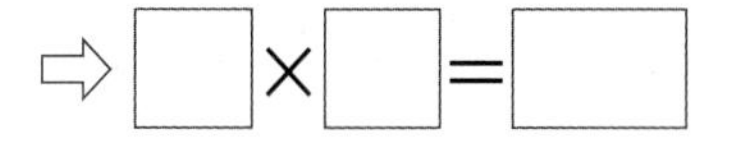

⇨ □ × □ = □

✸ **덧셈식을 곱셈식으로 나타내시오.**

4 4+4=8

⇨ 4 × 2 = 8

5 5+5+5+5+5+5=30

⇨ □ × □ = □

6 3+3+3+3+3+3+3=21

⇨ □ × □ = □

4 곱셈식으로 나타내기

1 풀은 모두 몇 개인지 곱셈식으로 나타내시오.

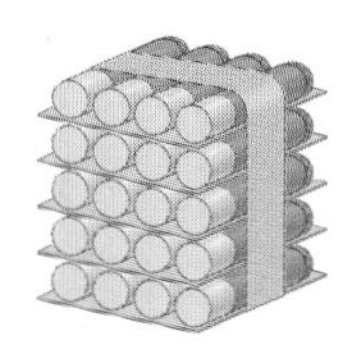

4 × 5 = 20

4씩 5묶음은 20이므로 4×5=20입니다.

2 바나나는 모두 몇 개인지 곱셈식으로 나타내시오.

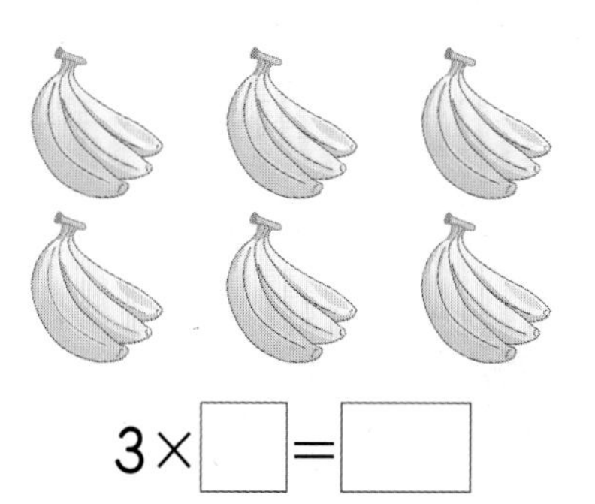

3 × □ = □

3 색연필은 모두 몇 자루인지 곱셈식으로 나타내시오.

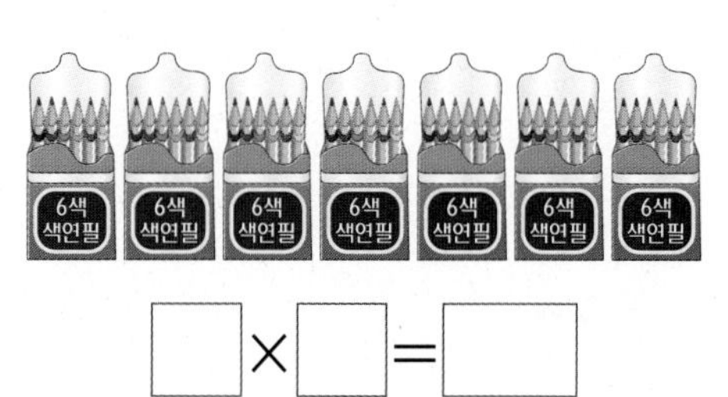

□ × □ = □

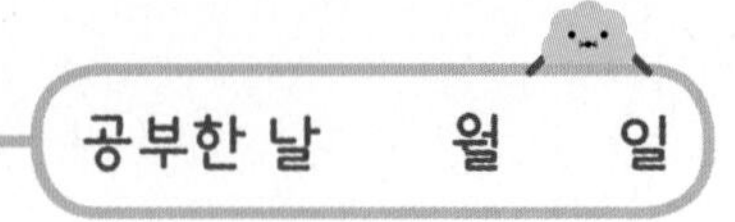

1 2단 곱셈구구 (1)

공부한 날 월 일

✸ 구슬은 모두 몇 개인지 □ 안에 알맞은 수를 써넣으시오.

1

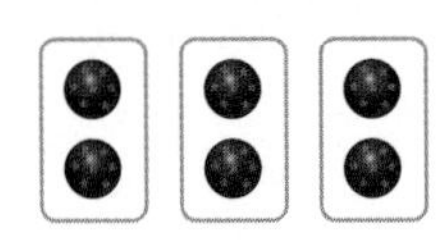

2×3=6

2+2+2=6 ⇨ 2×3=6

3

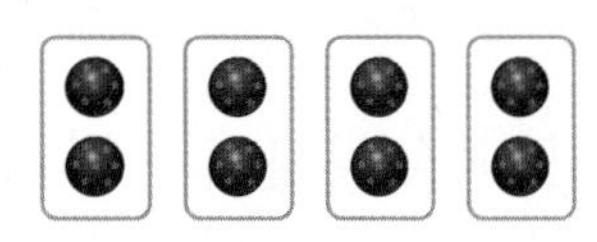

2×4=□

2

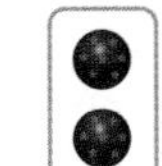  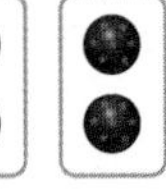 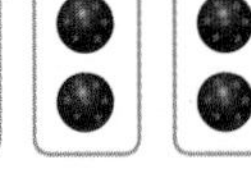

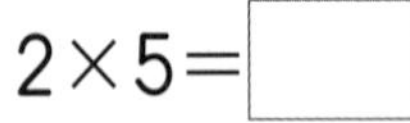

2×5=□

4

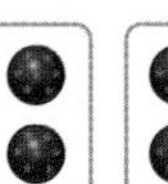 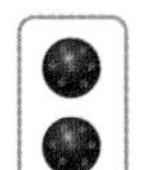   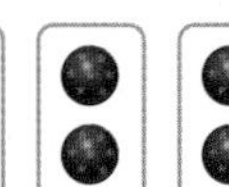

2×7=□

✸ 보기 와 같이 곱셈식을 수직선에 나타내고 □ 안에 알맞은 수를 써넣으시오.

보기

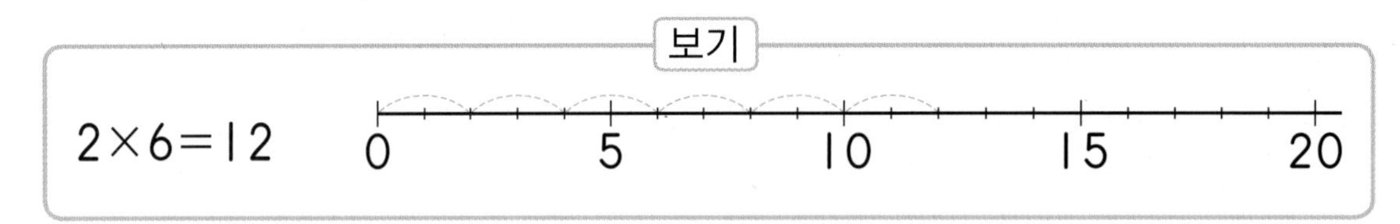

5 2×2=□

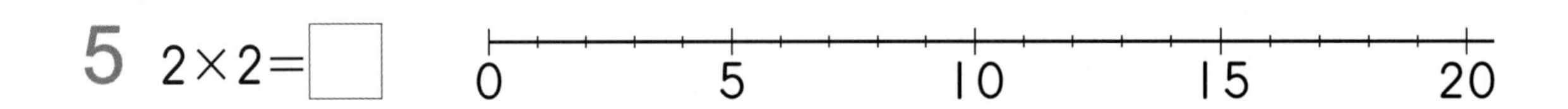

6 2×8=□

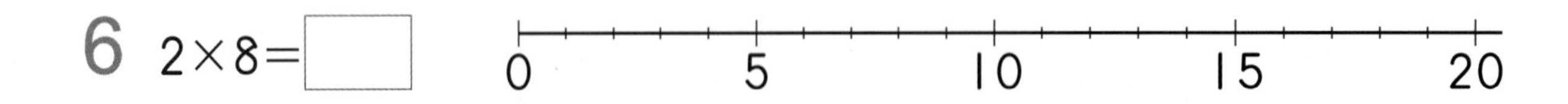

7 2×9=□

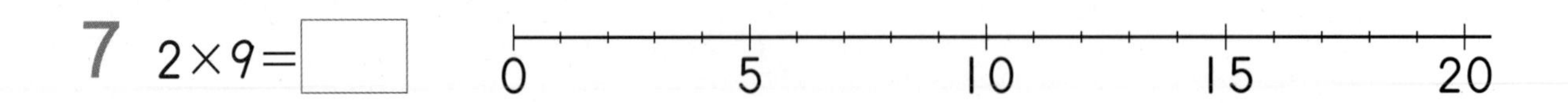

2 2단 곱셈구구 (2)

공부한 날 월 일

☀ □ 안에 알맞은 수를 써넣으시오.

1 $2\times1=$ [2]

2단 곱셈구구를 외워 봅니다.

2 $2\times5=\square$

3 $2\times9=\square$

4 $2\times2=\square$

5 $2\times4=\square$

6 $2\times6=\square$

7 $2\times7=\square$

8 $2\times\square=12$

9 $2\times\square=6$

10 $2\times\square=14$

11 $2\times\square=16$

12 $2\times\square=18$

13 $2\times\square=10$

14 $2\times\square=8$

2 곱셈구구

3 5단 곱셈구구 (1)

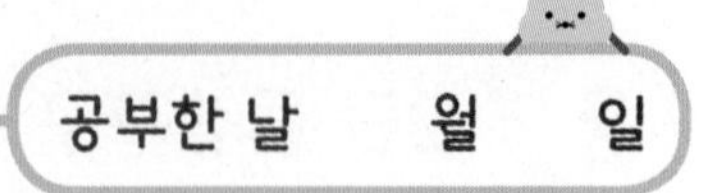

공부한 날 월 일

꽃 한 송이에 꽃잎이 5장씩 있습니다. 꽃잎은 모두 몇 장인지 □ 안에 알맞은 수를 써넣으시오.

1

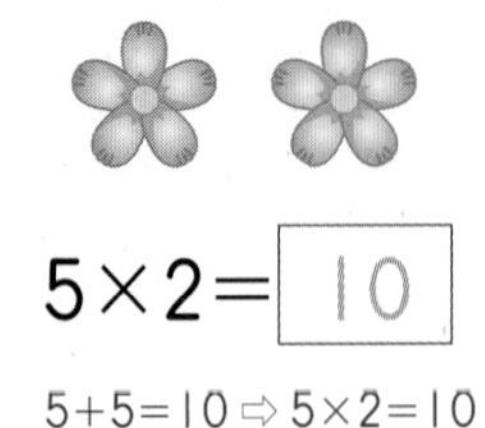

$5 \times 2 =$ 10

5+5=10 ⇨ 5×2=10

3

$5 \times 4 =$ □

2

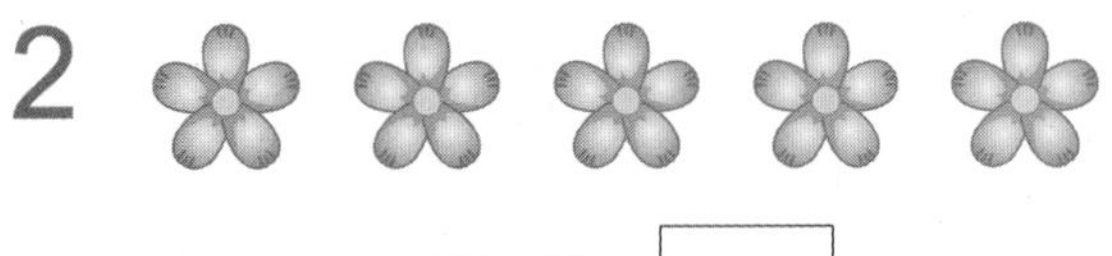

$5 \times 5 =$ □

4

$5 \times 9 =$ □

보기 와 같이 곱셈식을 수직선에 나타내고 □ 안에 알맞은 수를 써넣으시오.

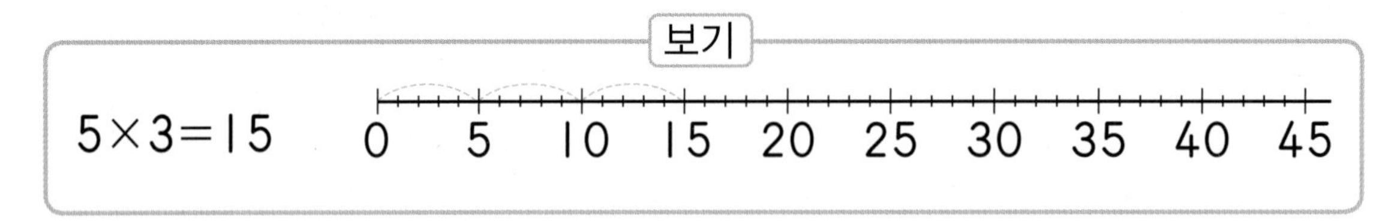

5 $5 \times 7 =$ □

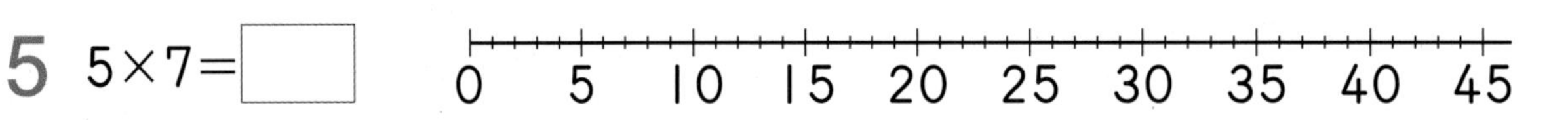

6 $5 \times 8 =$ □

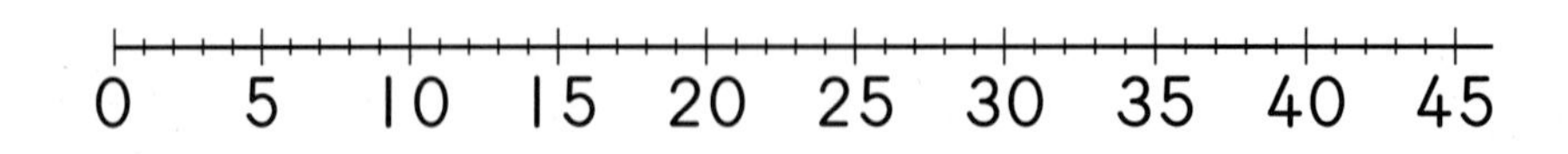

7 $5 \times 6 =$ □

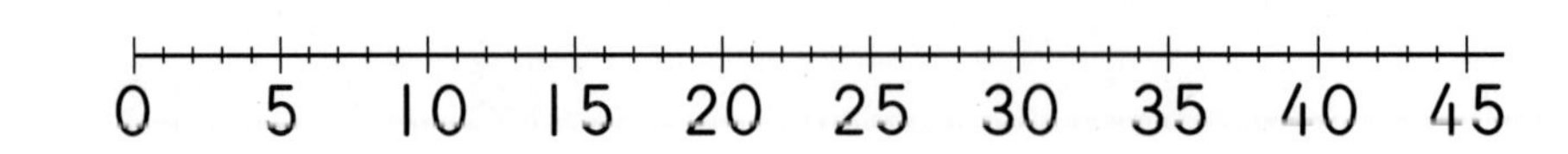

공부한 날 월 일

☀ □ 안에 알맞은 수를 써넣으시오.

1 $5\times3=$ [15]

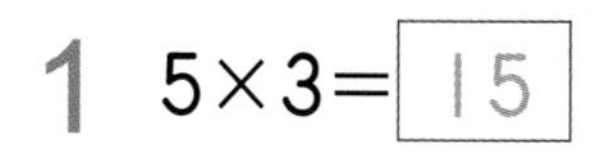

5단 곱셈구구를 외워 봅니다.

2 $5\times5=\square$

3 $5\times7=\square$

4 $5\times8=\square$

5 $5\times6=\square$

6 $5\times2=\square$

7 $5\times9=\square$

8 $5\times\square=45$

9 $5\times\square=20$

10 $5\times\square=30$

11 $5\times\square=5$

12 $5\times\square=35$

13 $5\times\square=25$

14 $5\times\square=40$

2 곱셈구구

5 3단 곱셈구구 (1)

공부한 날 월 일

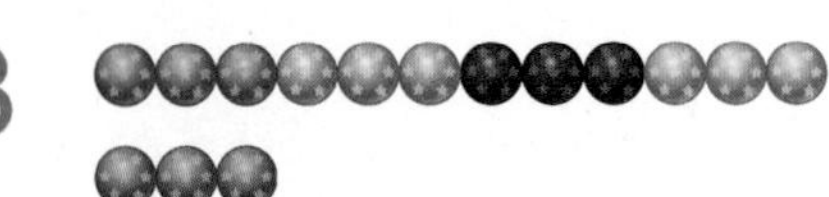

✸ 구슬은 모두 몇 개인지 □ 안에 알맞은 수를 써넣으시오.

1 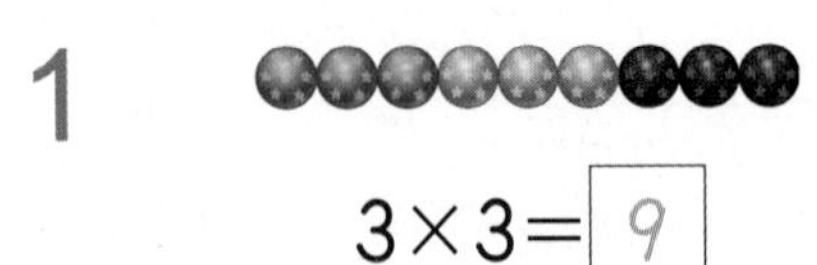

3×3=9

3+3+3=9 ⇨ 3×3=9

3 3×5=□

2 3×8=□

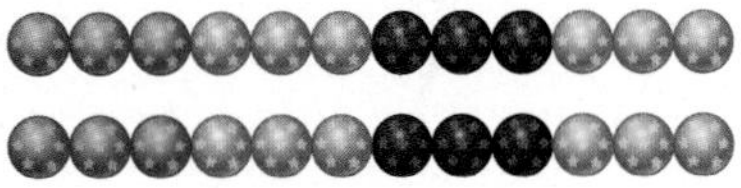

4 3×2=□

✸ 보기 와 같이 곱셈식을 수직선에 나타내고  안에 알맞은 수를 써넣으시오.

보기

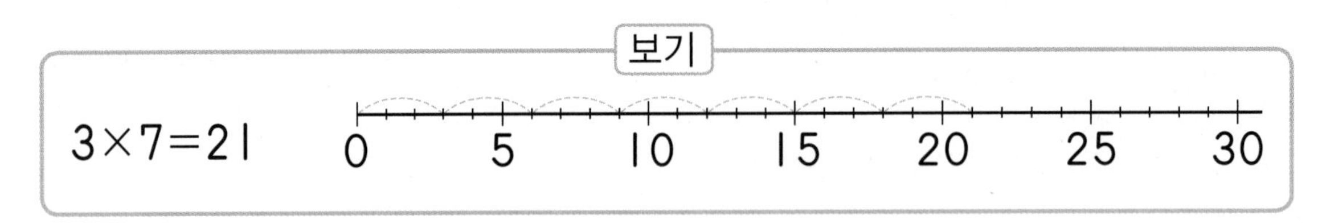

5 3×2=□ (수직선: 0 5 10 15 20 25 30)

6 3×6=□ (수직선: 0 5 10 15 20 25 30)

7 3×9=□ (수직선: 0 5 10 15 20 25 30)

공부한 날 월 일

☀ □ 안에 알맞은 수를 써넣으시오.

1 3×5=15

3단 곱셈구구를 외워 봅니다.

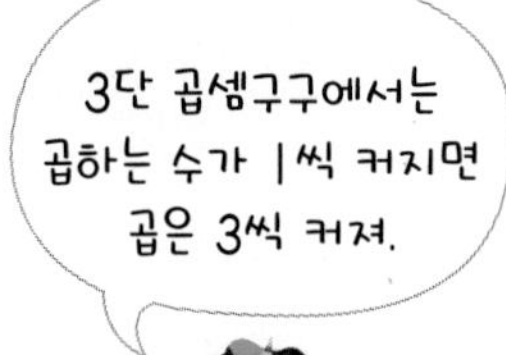

2 3×2=□

3 3×9=□

4 3×6=□

5 3×1=□

6 3×8=□

7 3×4=□

8 3×□=24

9 3×□=9

10 3×□=21

11 3×□=15

12 3×□=18

13 3×□=27

14 3×□=12

7 6단 곱셈구구 (1)

공부한 날 월 일

 초콜릿은 모두 몇 개인지 □ 안에 알맞은 수를 써넣으시오.

1

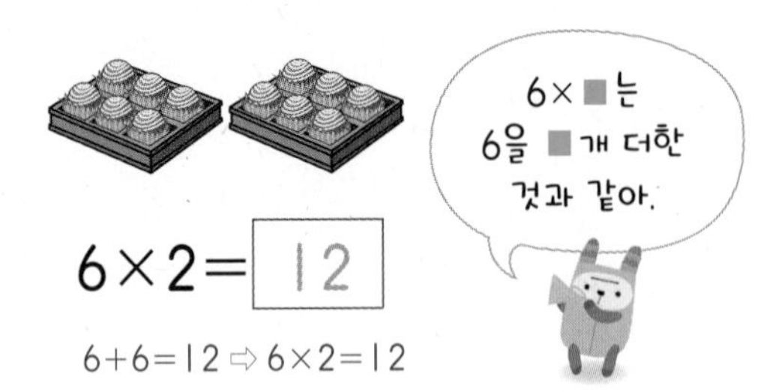

6×2= 12

6+6=12 ⇨ 6×2=12

3

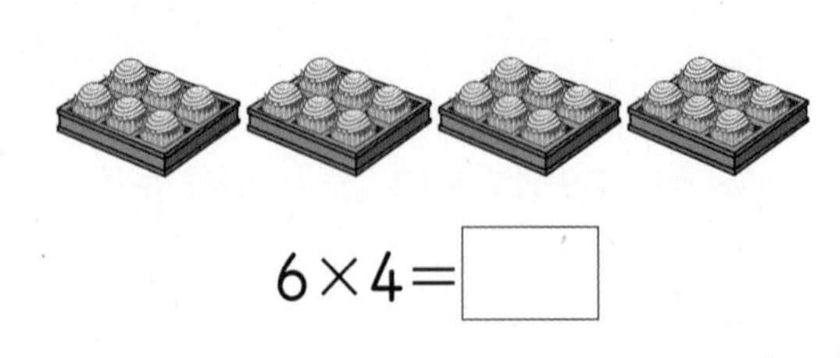

6×4= □

2

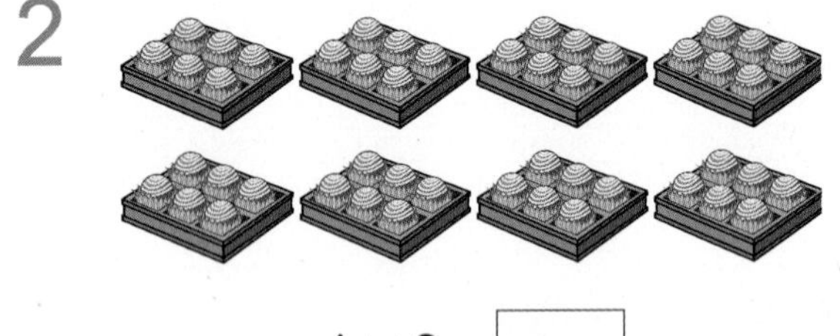

6×8= □

4

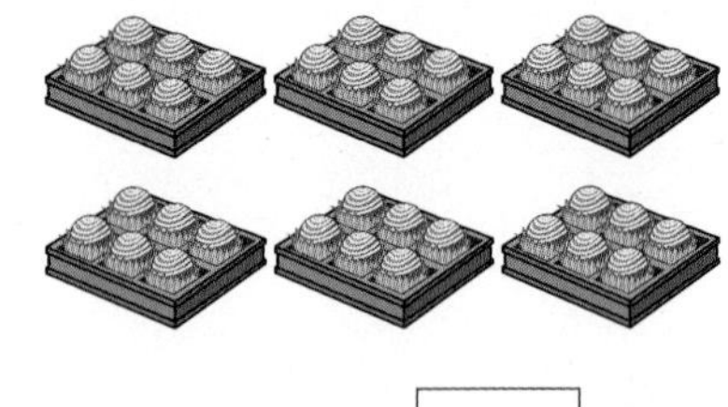

6×6= □

✱ 보기 와 같이 곱셈식을 수직선에 나타내고 □ 안에 알맞은 수를 써넣으시오.

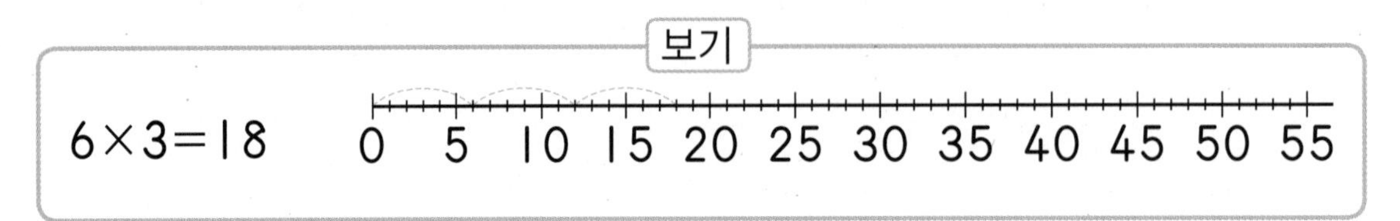

5 6×9= □

0 5 10 15 20 25 30 35 40 45 50 55

6 6×5= □

0 5 10 15 20 25 30 35 40 45 50 55

7 6×7= □

0 5 10 15 20 25 30 35 40 45 50 55

8 6단 곱셈구구 (2)

공부한 날 월 일

□ 안에 알맞은 수를 써넣으시오.

1 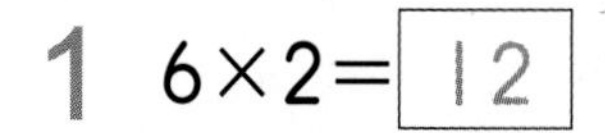
$6\times2=\boxed{12}$

6단 곱셈구구를 외워 봅니다.

2 $6\times1=\square$

3 $6\times9=\square$

4 $6\times5=\square$

5 $6\times7=\square$

6 $6\times4=\square$

7 $6\times3=\square$

8 $6\times\square=24$

9 $6\times\square=36$

10 $6\times\square=18$

11 $6\times\square=12$

12 $6\times\square=54$

13 $6\times\square=42$

14 $6\times\square=48$

9 4단 곱셈구구 (1)

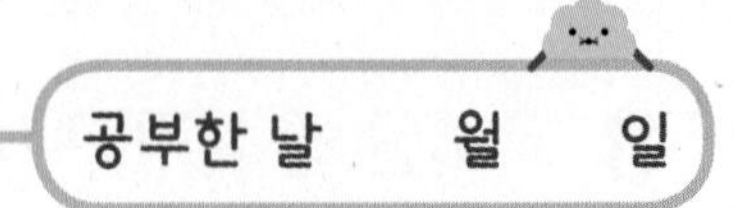

✹ 만두는 모두 몇 개인지 □ 안에 알맞은 수를 써넣으시오.

1

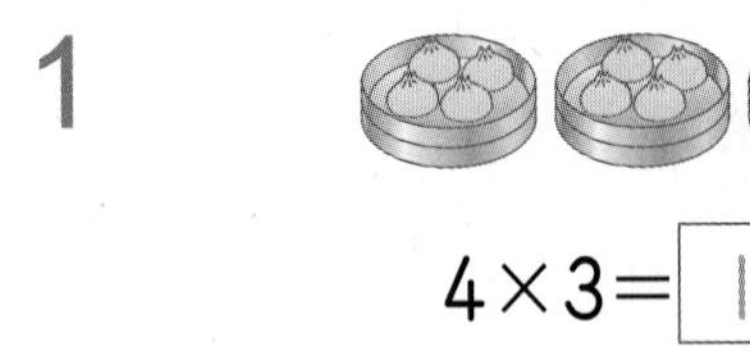

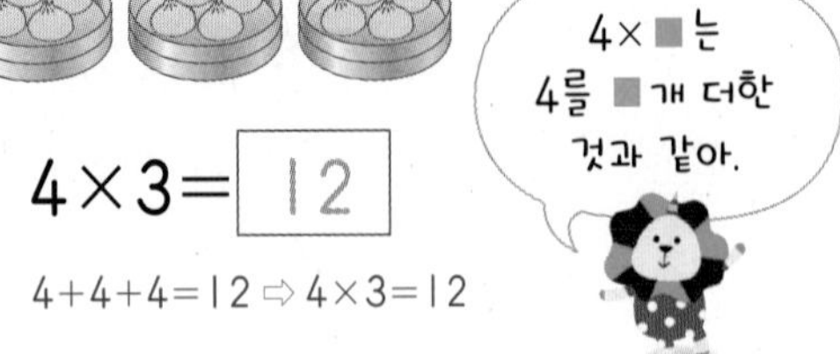

$4\times3=$ [12]

$4+4+4=12 \Rightarrow 4\times3=12$

3

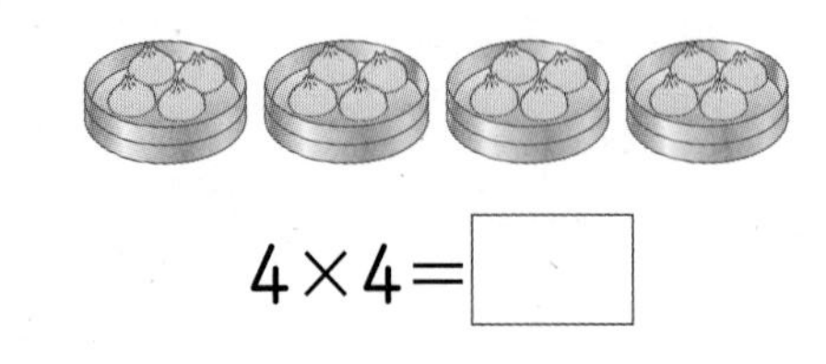

$4\times4=$ □

2

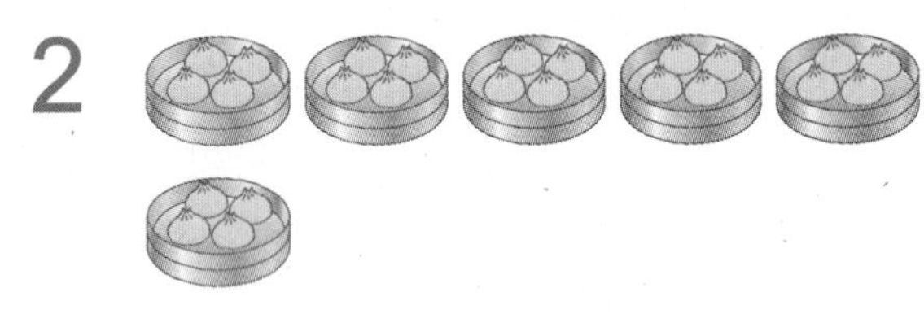

$4\times6=$ □

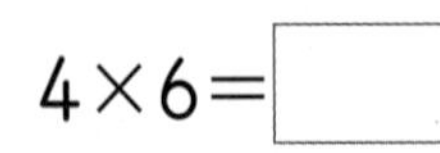

4

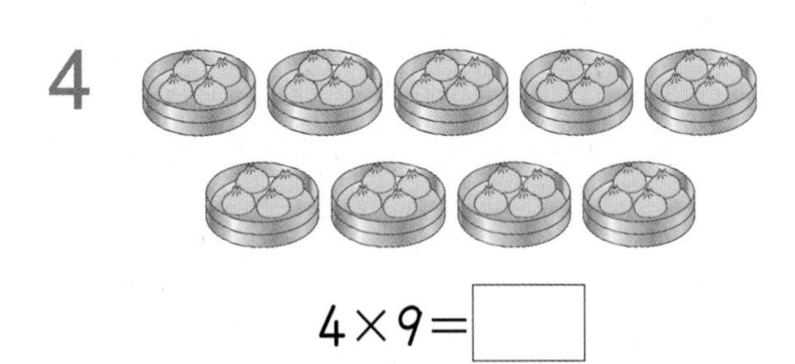

$4\times9=$ □

✹ [보기]와 같이 곱셈식을 수직선에 나타내고 □ 안에 알맞은 수를 써넣으시오.

보기

$4\times2=8$

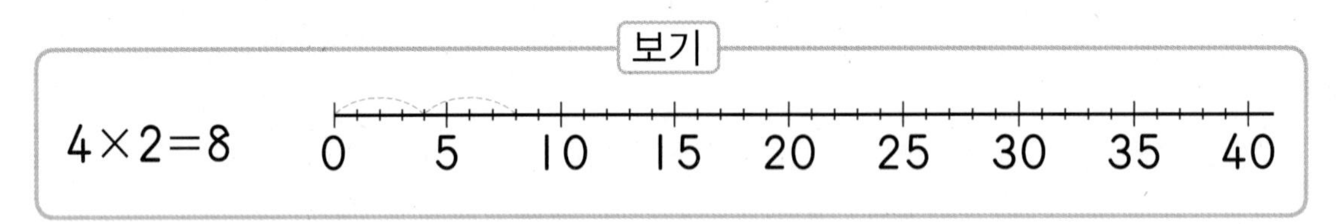

5 $4\times5=$ □

0 5 10 15 20 25 30 35 40

6 $4\times7=$ □

0 5 10 15 20 25 30 35 40

7 $4\times8=$ □

공부한 날 월 일

✱ □ 안에 알맞은 수를 써넣으시오.

1 4×4=[16]

4단 곱셈구구를 외워 봅니다.

2 4×8=□

3 4×1=□

4 4×2=□

5 4×6=□

6 4×9=□

7 4×3=□

8 4×□=24

9 4×□=20

10 4×□=32

11 4×□=16

12 4×□=36

13 4×□=12

14 4×□=28

11 8단 곱셈구구 (1)

공부한 날 월 일

✸ 문어 한 마리의 다리는 8개입니다. 문어의 다리는 모두 몇 개인지 □ 안에 알맞은 수를 써넣으시오.

1

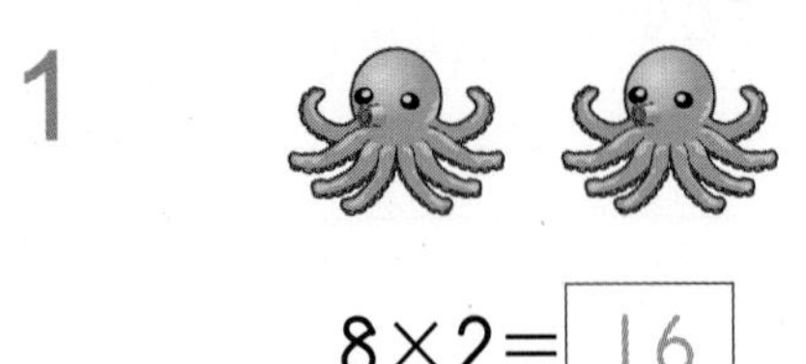

$8 \times 2 =$ [16]

$8+8=16 \Rightarrow 8 \times 2=16$

3

$8 \times 3 =$ □

2

$8 \times 5 =$ □

4

$8 \times 4 =$ □

✸ 보기 와 같이 곱셈식을 수직선에 나타내고 □ 안에 알맞은 수를 써넣으시오.

보기

$8 \times 4 = 32$

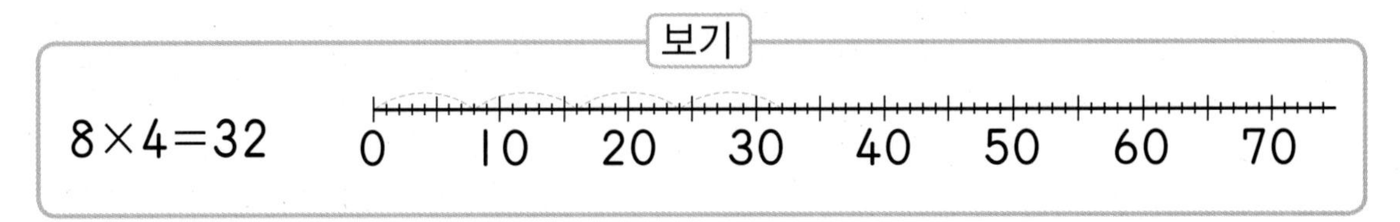

5 $8 \times 7 =$ □

0 10 20 30 40 50 60 70

6 $8 \times 8 =$ □

0 10 20 30 40 50 60 70

7 $8 \times 9 =$ □

0 10 20 30 40 50 60 70

12 8단 곱셈구구 (2)

공부한 날 월 일

☀ □ 안에 알맞은 수를 써넣으시오.

1 $8\times3=$ [24]

8단 곱셈구구를 외워 봅니다.

2 $8\times1=\square$

3 $8\times8=\square$

4 $8\times6=\square$

5 $8\times4=\square$

6 $8\times9=\square$

7 $8\times2=\square$

8 $8\times\square=40$

9 $8\times\square=56$

10 $8\times\square=24$

11 $8\times\square=32$

12 $8\times\square=64$

13 $8\times\square=48$

14 $8\times\square=72$

2 곱셈구구

13 7단 곱셈구구 (1)

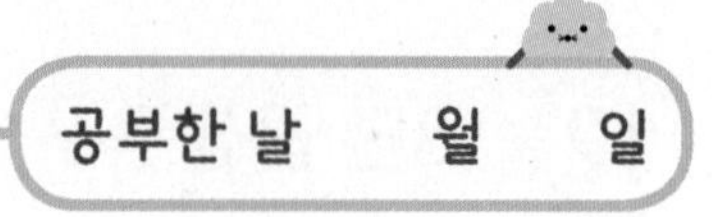

✱ 콩은 모두 몇 개인지 □ 안에 알맞은 수를 써넣으시오.

1

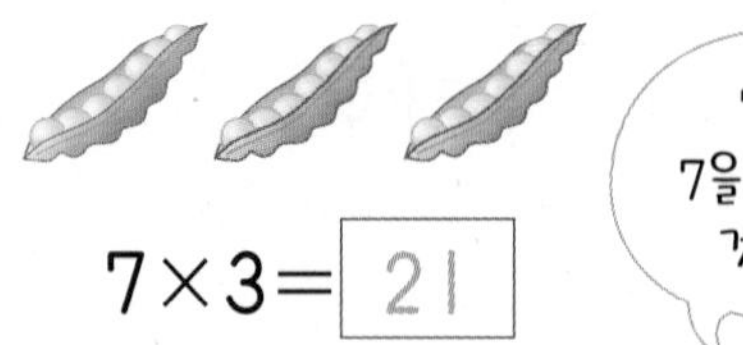

$7\times3=$ 21

$7+7+7=21 \Rightarrow 7\times3=21$

3

$7\times2=$ □

2

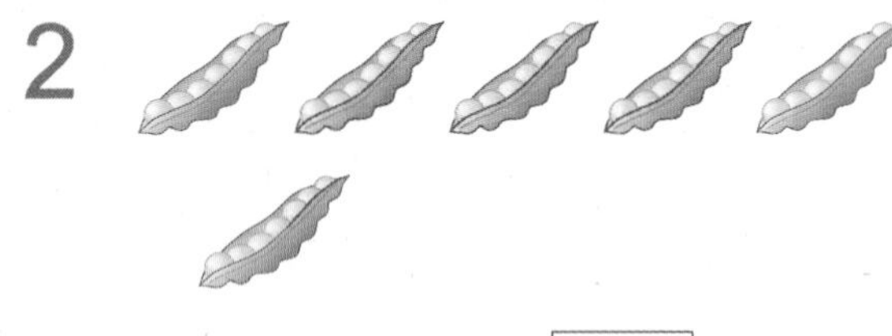

$7\times6=$ □

4

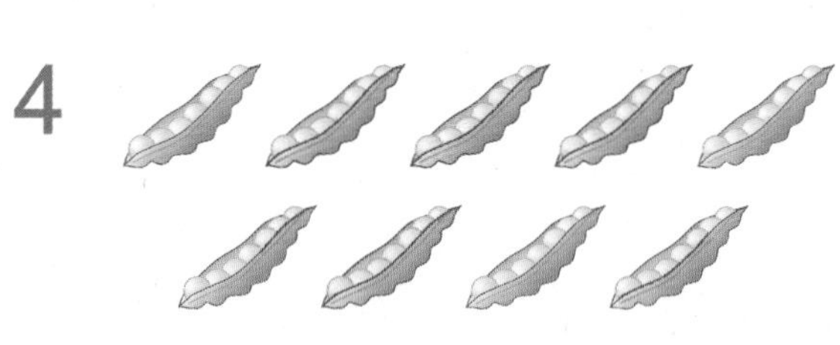

$7\times9=$ □

✱ 보기 와 같이 곱셈식을 수직선에 나타내고 □ 안에 알맞은 수를 써넣으시오.

보기

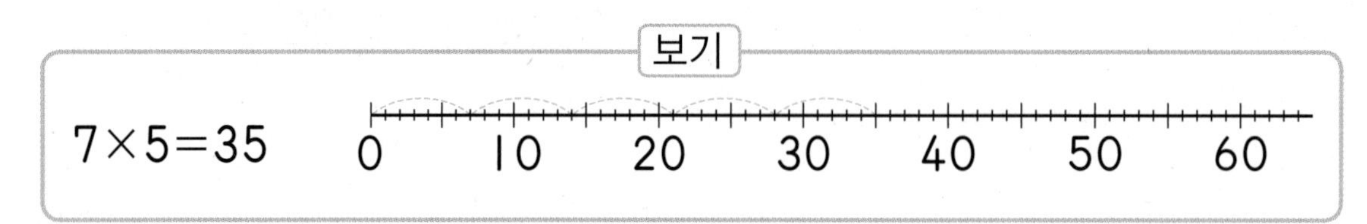

5 $7\times8=$ □

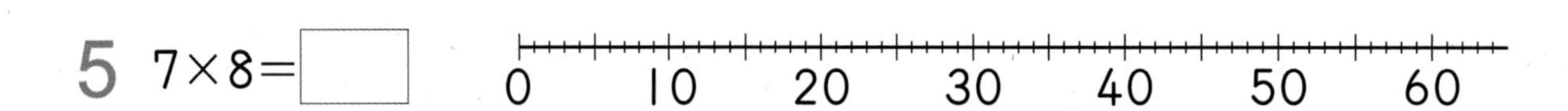

6 $7\times4=$ □

0 10 20 30 40 50 60

7 $7\times7=$ □

14 7단 곱셈구구 (2)

공부한 날 월 일

☀ □ 안에 알맞은 수를 써넣으시오.

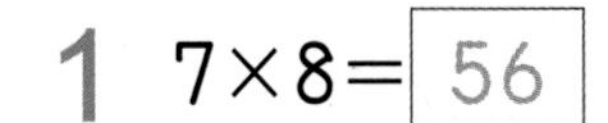

1 $7\times8=$ 56

7단 곱셈구구를 외워 봅니다.

2 $7\times9=\square$

3 $7\times1=\square$

4 $7\times7=\square$

5 $7\times4=\square$

6 $7\times2=\square$

7 $7\times6=\square$

8 $7\times\square=28$

9 $7\times\square=21$

10 $7\times\square=49$

11 $7\times\square=35$

12 $7\times\square=7$

13 $7\times\square=63$

14 $7\times\square=56$

2 곱셈구구

15 9단 곱셈구구 (1)

✱ 사탕은 모두 몇 개인지 □ 안에 알맞은 수를 써넣으시오.

1

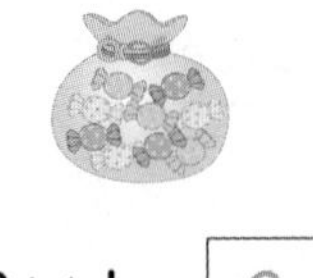

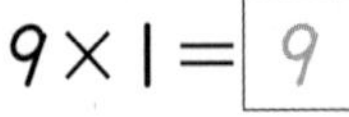

$9 \times 1 =$ [9]

9개씩 1묶음이면 9입니다. ⇨ $9 \times 1 = 9$

3

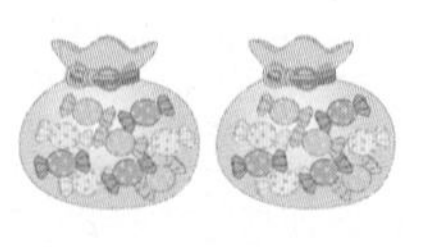

$9 \times 2 =$ □

2

$9 \times 7 =$ □

4

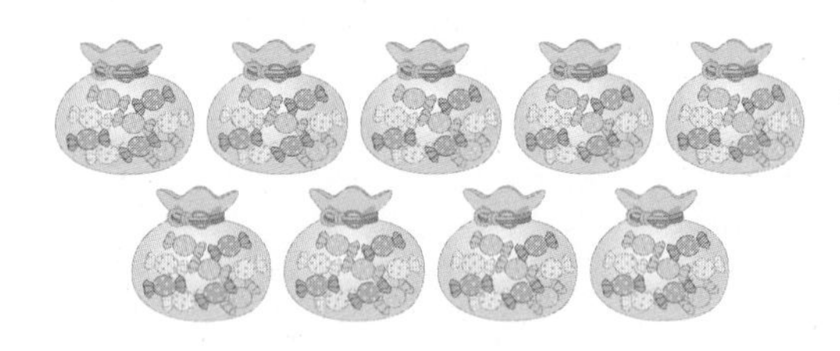

$9 \times 9 =$ □

✱ 보기 와 같이 곱셈식을 수직선에 나타내고 □ 안에 알맞은 수를 써넣으시오.

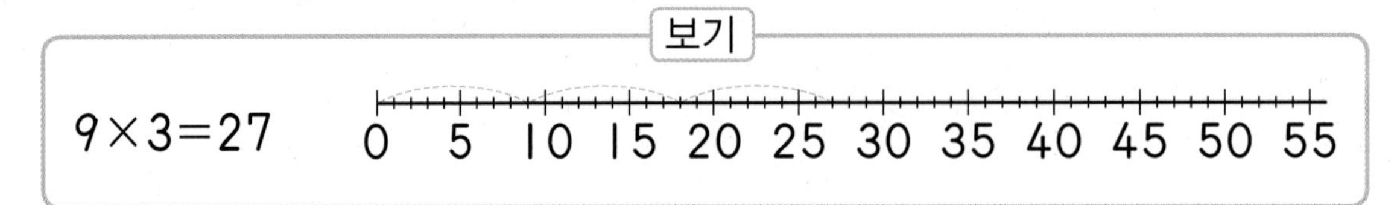

5 $9 \times 4 =$ □

0 5 10 15 20 25 30 35 40 45 50 55

6 $9 \times 5 =$ □

0 5 10 15 20 25 30 35 40 45 50 55

7 $9 \times 6 =$ □

0 5 10 15 20 25 30 35 40 45 50 55

공부한 날 월 일

✱ □ 안에 알맞은 수를 써넣으시오.

1 $9\times3=$ [27]

9단 곱셈구구를 외워 봅니다.

2 $9\times9=\square$

3 $9\times8=\square$

4 $9\times6=\square$

5 $9\times4=\square$

6 $9\times7=\square$

7 $9\times1=\square$

8 $9\times\square=18$

9 $9\times\square=72$

10 $9\times\square=63$

11 $9\times\square=45$

12 $9\times\square=81$

13 $9\times\square=36$

14 $9\times\square=54$

17 1단 곱셈구구

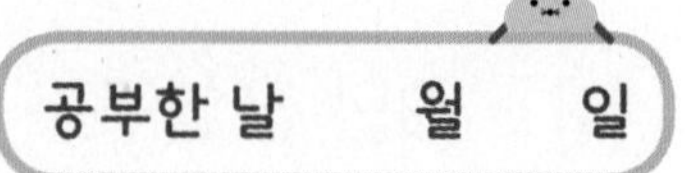

☀ □ 안에 알맞은 수를 써넣으시오.

1 $1 \times 1 = \boxed{1}$

1×(어떤 수)=(어떤 수)

2 $1 \times 3 = \square$

3 $1 \times 7 = \square$

4 $1 \times 2 = \square$

5 $1 \times 9 = \square$

6 $1 \times 5 = \square$

7 $1 \times 3 = \square$

8 $1 \times \square = 5$

9 $1 \times \square = 4$

10 $1 \times \square = 6$

11 $1 \times \square = 8$

12 $1 \times \square = 7$

13 $1 \times \square = 9$

14 $1 \times \square = 1$

18 0의 곱

☀ □ 안에 알맞은 수를 써넣으시오.

1 $0 \times 8 = \boxed{0}$

0×(어떤 수)=0, (어떤 수)×0=0

2 $0 \times 5 = \square$

3 $0 \times 4 = \square$

4 $0 \times 1 = \square$

5 $0 \times 9 = \square$

6 $0 \times 7 = \square$

7 $0 \times 2 = \square$

8 $6 \times 0 = \square$

9 $5 \times 0 = \square$

10 $2 \times 0 = \square$

11 $3 \times 0 = \square$

12 $8 \times 0 = \square$

13 $9 \times 0 = \square$

14 $7 \times 0 = \square$

공부한 날 월 일

✸ 빈 곳에 알맞은 수를 써넣으시오.

20 곱셈구구 연습 (2)

공부한 날 월 일

✺ 빈 곳에 알맞은 수를 써넣으시오.

1 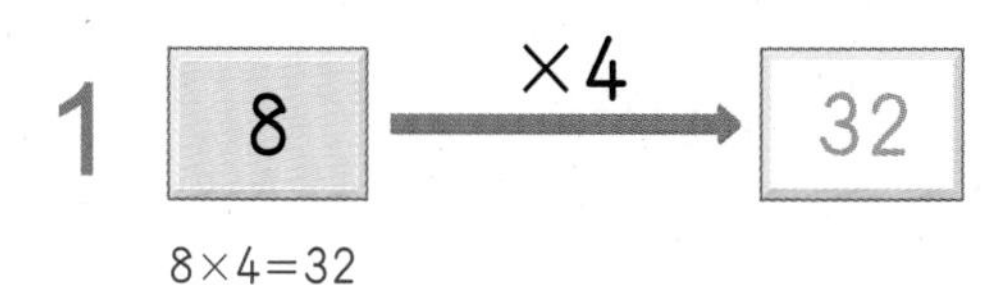

$8 \times 4 = 32$

어느 단의 곱셈구구를 이용해야 하는지 살펴봐.

2 7 —×2→ □

3 9 —×5→ □

4 1 —×8→ □

5 0 —×7→ □

6 7 —×3→ □

7 9 —×4→ □

8 0 —×8→ □

9 1 —×2→ □

10 8 —×7→ □

11 7 —×6→ □

12 9 —×9→ □

2 곱셈구구

21 곱의 크기 비교하기

○ 안에 >, =, <를 알맞게 써넣으시오.

1 4×8 (>) 12

$4 \times 8 = 32$이므로 $32 > 12$입니다.

2 3×5 ○ 18

3 6×7 ○ 42

4 9×4 ○ 40

5 2×8 ○ 10

6 5×5 ○ 30

7 0×9 ○ 9

8 35 ○ 6×9

9 28 ○ 5×7

10 17 ○ 8×4

11 42 ○ 3×6

12 16 ○ 2×5

13 72 ○ 9×8

14 24 ○ 7×3

15 2×4 (>) 2×3

$2\times4=8$, $2\times3=6$이므로 $8>6$입니다.

22 8×7 ◯ 9×6

16 5×6 ◯ 7×2

23 2×9 ◯ 6×3

17 1×8 ◯ 9×0

24 5×8 ◯ 6×5

18 4×4 ◯ 3×7

25 4×9 ◯ 8×6

19 5×9 ◯ 7×7

26 3×2 ◯ 6×1

20 2×6 ◯ 4×3

27 8×8 ◯ 9×7

21 3×9 ◯ 7×5

28 6×4 ◯ 7×2

22 곱셈표 만들기

✸ 빈칸에 알맞은 수를 써넣어 곱셈표를 완성하시오.

1

곱하는 수

×	0	1	2	3	4	5	6	7	8	9
2	0	2	4	6	8	10	12	14	16	18

곱해지는 수

곱셈표는 세로줄에 있는 수를 곱해지는 수로, 가로줄에 있는 수를 곱하는 수로 하여 두 줄이 만나는 칸에 두 수의 곱을 써넣은 표입니다.

2×3=6, 2×6=12, 2×7=14

■단 곱셈구구에서는 곱이 ■씩 커져.

2

×	0	1	2	3	4	5	6	7	8	9
5	0	5		15	20		30	35	40	

3

×	0	1	2	3	4	5	6	7	8	9
3	0		6		12	15	18	21		27

4

×	0	1	2	3	4	5	6	7	8	9
6		6	12	18		30		42	48	54

5

×	0	1	2	3	4	5	6	7	8	9
4	0	4	8	12	16		24			36

6

×	0	1	2	3	4	5	6	7	8	9
8	0	8		24	32		48		64	72

7

×	0	1	2	3	4	5	6	7	8	9
7	0	7	14			35	42	49	56	

8

×	0	1	2	3	4	5	6	7	8	9
9	0	9		27	36	45		63	72	

9

×	2	5	6
3	6	15	
5		25	

10

×	4	7	9
1	4		
6		42	

11

×	0	1	4	5	7	8	9
2	0	2		10	14	16	
7	0		28	35			63

23 곱셈구구를 이용하여 문제 해결하기 (1)

공부한 날 월 일

✸ 원판을 돌렸다가 멈추게 했을 때 가 가리키는 곳의 수만큼 점수를 얻는 놀이를 하였습니다. 표를 완성하고 얻은 점수는 몇 점인지 알아보시오.

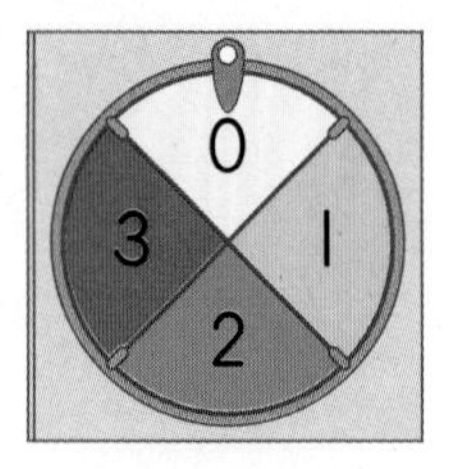

주어진 조건과 상황을 이용하여 문제를 해결해.

1

원판의 수	0	1	2	3
나온 횟수(번)	2	0	1	3
점수(점)	0×2=0	1×0=0	2×1=2	3×3=9

얻은 점수는 0+0+2+9=11(점)입니다.

(11점)

2

원판의 수	0	1	2	3
나온 횟수(번)	1	2	2	1
점수(점)	0×1=0			

( )

✸ 과녁에 화살을 쏜 것입니다. 표를 완성하고 얻은 점수를 구하시오.

3

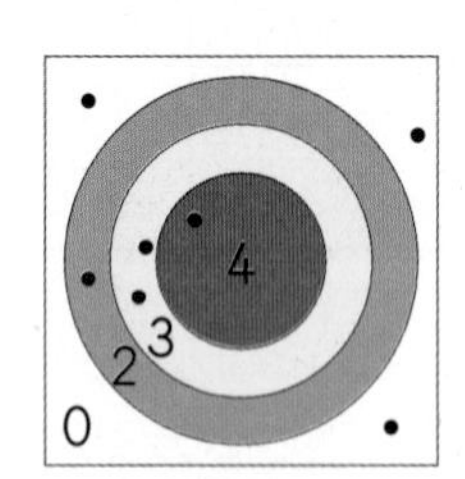

점수 판의 수	0	2	3	4
맞힌 횟수(번)	3	1	2	1
점수(점)	0	2		

( )

4

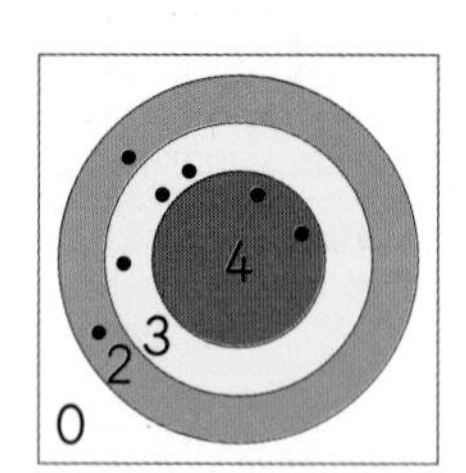

점수 판의 수	0	2	3	4
맞힌 횟수(번)	0	2	3	2
점수(점)				

( )

24 곱셈구구를 이용하여 문제 해결하기 (2)

공부한 날 월 일

문제를 읽고 □ 안에 알맞은 수를 써넣으시오.

1 한 상자에 6개씩 들어 있는 도넛을 7상자 샀습니다. 산 도넛은 몇 개인지 곱셈식으로 알아보시오.

식 6×[7]=[42]　　답 [42]개

2 접시 한 개에 딸기가 8개씩 담겨 있습니다. 접시 5개에 담겨 있는 딸기는 몇 개인지 곱셈식으로 알아보시오.

식 8×□=□　　답 □개

3 야구는 한 팀에 9명의 선수가 경기를 합니다. 4팀에 있는 선수는 몇 명인지 곱셈식으로 알아보시오.

식 □×4=□　　답 □명

4 곰 인형을 한 상자에 3개씩 담았더니 8상자가 되었습니다. 곰 인형은 몇 개인지 곱셈식으로 알아보시오.

식 3×□=□　　답 □개

5 은주는 수학 문제를 하루에 4문제씩 6일 동안 풀었습니다. 은주가 6일 동안 푼 문제는 몇 문제인지 곱셈식으로 알아보시오.

식 □×6=□　　답 □문제

2 곱셈구구

1 그림을 보고 □ 안에 알맞은 수를 써넣으시오.

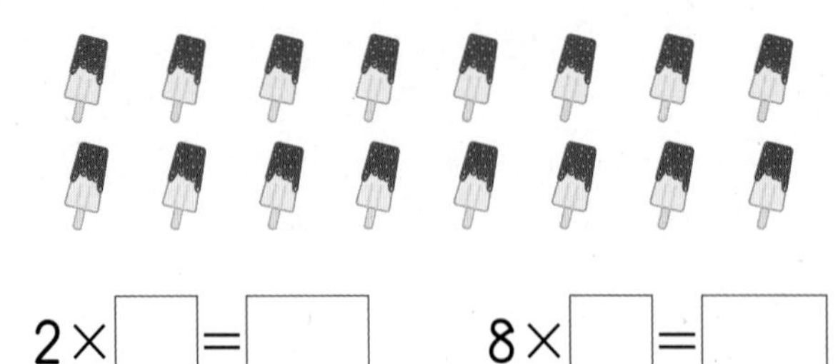

$2\times\square=\square$ $8\times\square=\square$

• 아이스크림을 2개씩 묶으면 8묶음이 되고, 8개씩 묶으면 2묶음입니다.

2 □ 안에 알맞은 수를 써넣으시오.

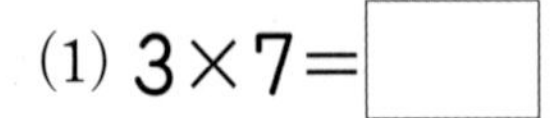

(1) $3\times7=\square$ (2) $9\times4=\square$

(3) $5\times\square=35$ (4) $7\times\square=7$

3 빈 곳에 알맞은 수를 써넣으시오.

(1)

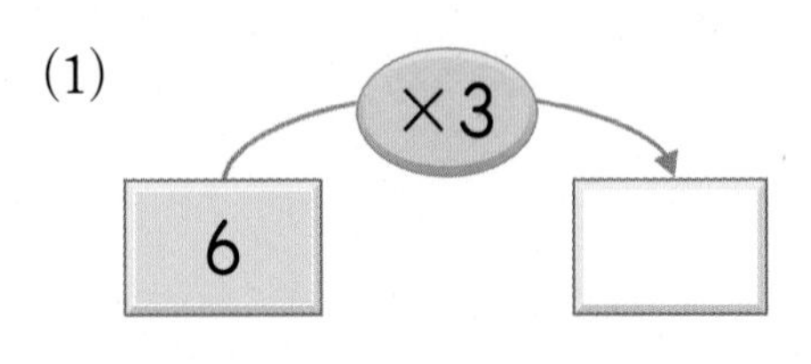

(2)

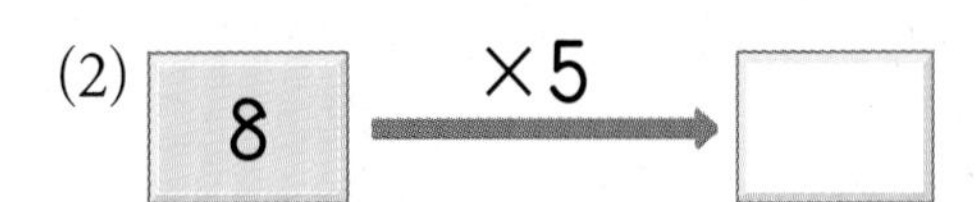

• 곱셈식으로 나타내어 곱을 구합니다.

4 곱의 크기를 비교하여 ○ 안에 >, =, <를 알맞게 써넣으시오.

(1) 7×2 ○ 3×5 (2) 4×8 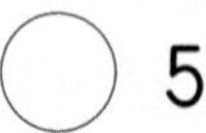 5×6

• 각각의 곱을 구해 크기를 비교합니다.

5 곱이 같은 것끼리 선으로 이어 보시오.

2×6 •	• 3×6
3×8 •	• 6×4
9×2 •	• 4×3

6 빈칸에 알맞은 수를 써넣어 곱셈표를 완성하시오.

×	0	1	4	6	8
4	0			24	32
6		6	24		48

• (어떤 수)×0과 0×(어떤 수)는 항상 0입니다.

7 기념품으로 판매한 동전이 한 상자에 5개씩 들어 있습니다. 9상자에 들어 있는 동전은 몇 개인지 곱셈식으로 알아보시오.

식 ______________________

답 ______________________

• 5개씩 9상자이므로 5의 단 곱셈구구를 이용해야 합니다.

8 민주가 공 꺼내기 놀이를 하였습니다. 민주가 얻은 점수는 모두 몇 점입니까?

민주

0점짜리 공 3개,
2점짜리 공 6개,
3점짜리 공 1개를
꺼냈어. 몇 점이지?

( )

• 각각의 점수를 곱셈구구를 이용하여 구해서 모두 더합니다.

2 곱셈구구

QR 코드를 찍어 보세요.
문제 생성기 새로운 문제를 계속 풀 수 있어요.
학습 게임 재미있는 학습 게임을 할 수 있어요.

길이 재기

QR 코드를 찍어 보세요.
재미있는 학습 게임을
할 수 있어요.

제3화 나무 로봇의 다리를 만들다!

100 cm는 1 m와 같습니다.
1 m는 1 미터라고 읽습니다.

100 cm=1 m

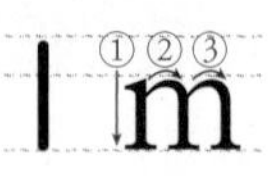

이미 배운 내용	이번에 배울 내용	앞으로 배울 내용
[2-1 길이 재기] • 여러 가지 단위로 길이 재기 • 1 cm 알아보기 • 자로 길이 재기 • 길이 어림하기	• 1 m 알아보기 • 자로 길이 재기 • 길이의 합과 차 구하기 • 길이 어림하기	[3-1 시간과 길이] • 1 mm 알아보기 • 1 km 알아보기 • 길이의 합과 차 구하기

배운 것 확인하기

1 1 cm 알아보기

✹ 주어진 길이를 쓰고 읽어 보시오.

1

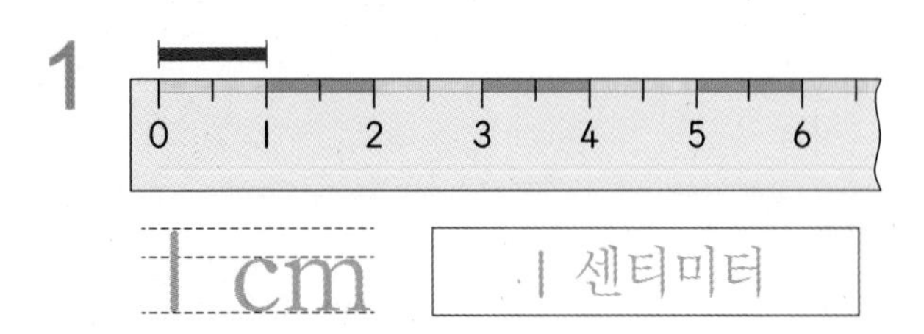

1 cm　　1 센티미터

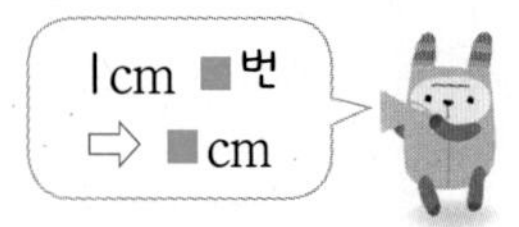

2

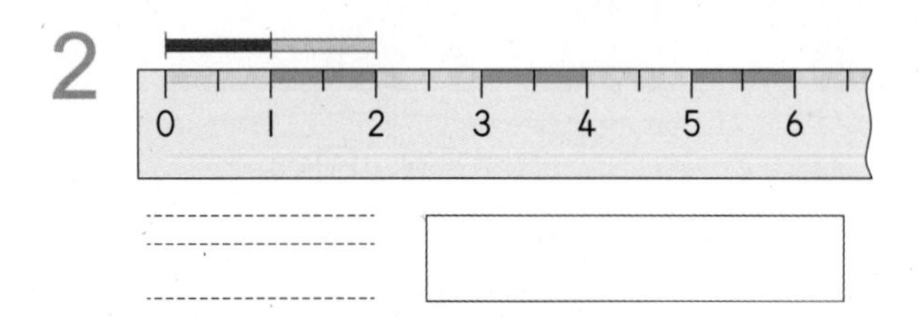

3

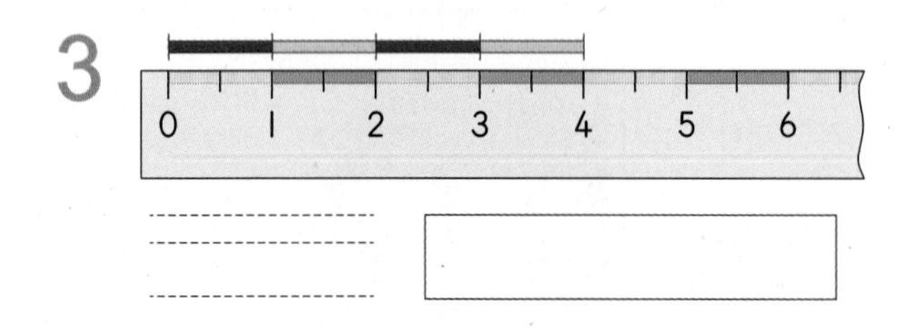

4

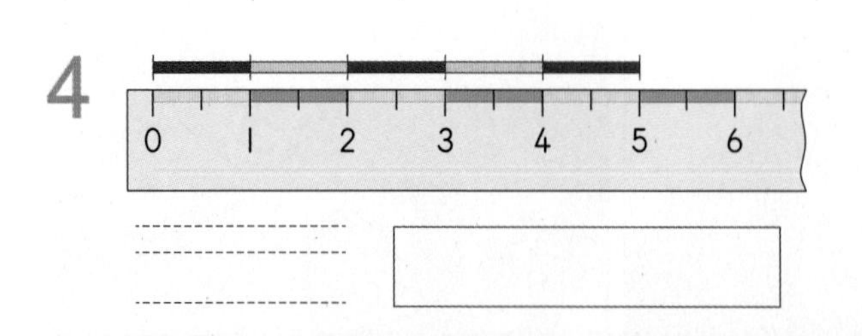

2 자를 이용하여 길이 재기 (1)

✹ 그림을 보고 □ 안에 알맞은 수를 써넣으시오.

1

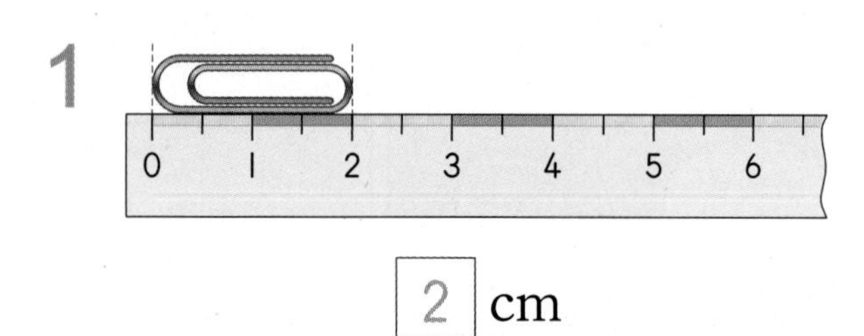

2 cm

오른쪽 끝이 2를 가리키므로 2 cm입니다.

2

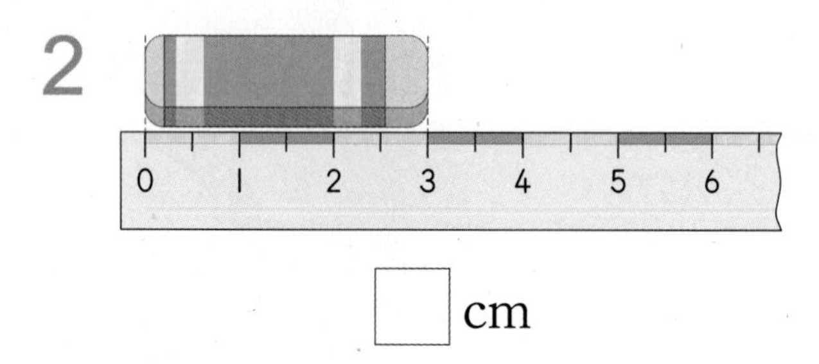

□ cm

3

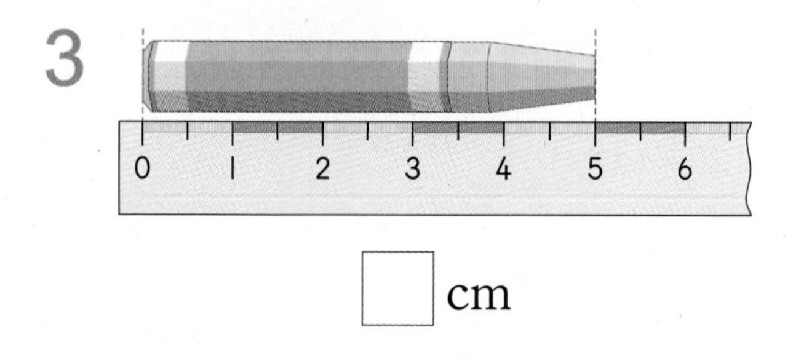

□ cm

4

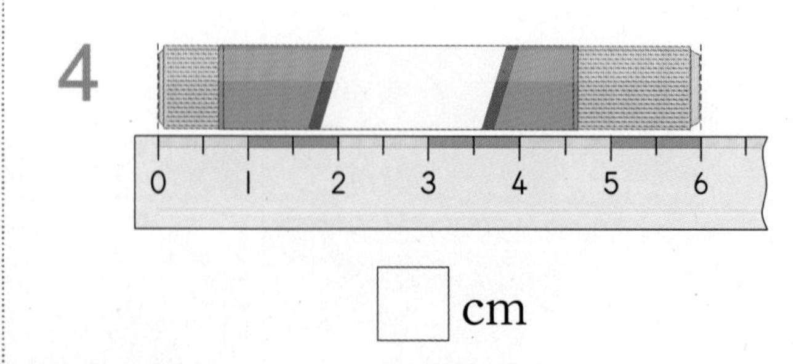

□ cm

3 자를 이용하여 길이 재기 (2)

✹ 물건의 길이는 약 몇 cm인지 알아보시오.

1

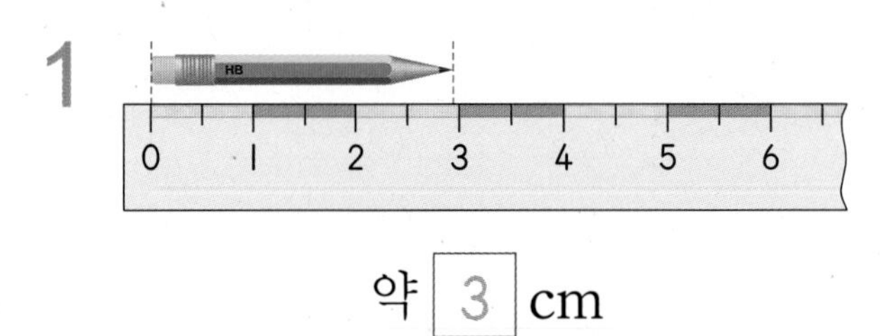

약 [3] cm

3 cm에 더 가깝기 때문에 약 3 cm입니다.

2

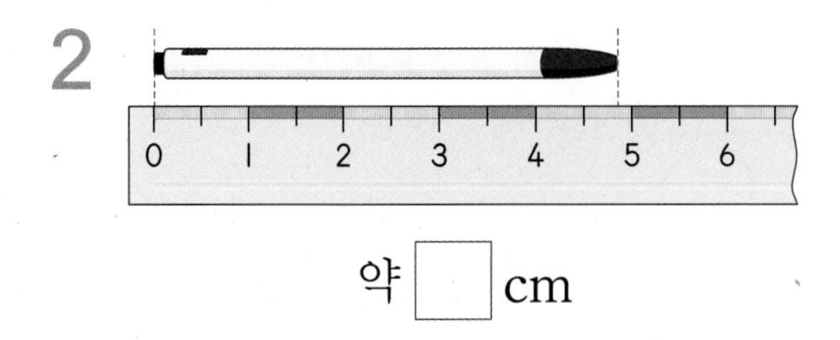

약 [ ] cm

3

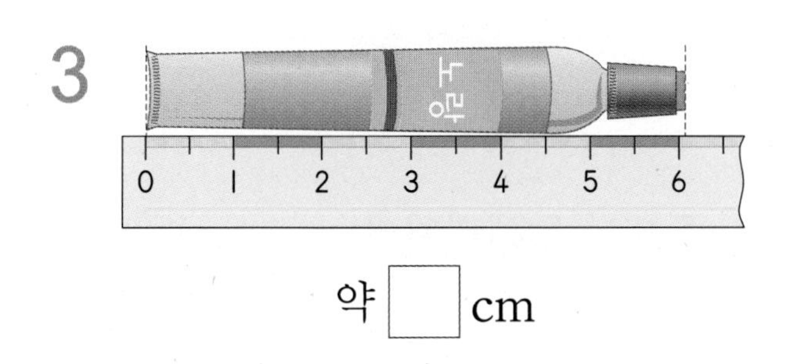

약 [ ] cm

4

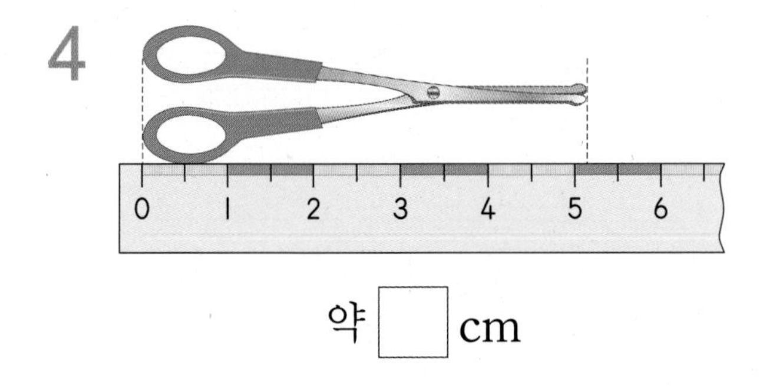

약 [ ] cm

4 자를 사용하여 길이에 맞게 선분 긋기

✹ 주어진 길이만큼 자를 사용하여 선분을 그어 보시오.

1 [1 cm]

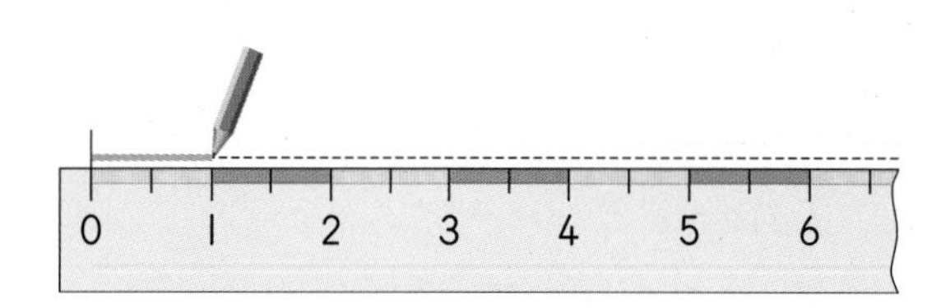

1 cm인 눈금이 1개인 것만큼 선을 긋습니다.

2 [2 cm]

3 [3 cm]

4 [4 cm]

5 [5 cm]

1 길이를 읽고 쓰기

공부한 날 월 일

✸ 길이를 바르게 읽어 보시오.

1 5 m

⇨ 5 미터

100 cm=1 m이고 1 m를 1미터라고 읽습니다.

2 7 m

⇨ ______________

3 4 m 90 cm

⇨ ______________

4 1 m 35 cm

⇨ ______________

5 6 m 8 cm

⇨ ______________

6 9 m 1 cm

⇨ ______________

7 12 m 47 cm

⇨ ______________

✸ 길이로 바르게 나타내시오.

8 2 미터

⇨ 2 m

9 11 미터

⇨ ______________

10 3 미터 55 센티미터

⇨ ______________

11 6 미터 78 센티미터

⇨ ______________

12 5 미터 5 센티미터

⇨ ______________

13 10 미터 43 센티미터

⇨ ______________

14 89 미터 7 센티미터

⇨ ______________

2 cm와 m 구분하기

공부한 날 월 일

☀ □ 안에 cm와 m 중 알맞은 것을 써넣으시오.

1 필통의 길이는 약 20 [cm]입니다.

100 cm=1 m이므로 우리가 보통 사용하는 필통은 약 20 cm입니다.

1 m보다 긴 길이는 m 단위를 사용하는 것이 더 좋아.

2 동생의 키는 약 1 □입니다.

3 내 방의 짧은 쪽의 길이는 약 3 □ 입니다.

4 클립의 길이는 약 2 □입니다.

5 운동장에 있는 국기 게양대의 높이는 약 3 □입니다.

6 책상의 높이는 약 90 □입니다.

7 요구르트 병의 길이는 약 8 □ 입니다.

8 수학 교과서의 짧은 쪽의 길이는 약 20 □입니다.

9 칠판의 긴 쪽의 길이는 약 2 □ 입니다.

10 색종이의 한 쪽의 길이는 약 10 □ 입니다.

11 껌의 긴 쪽의 길이는 약 5 □ 입니다.

12 젓가락의 길이는 약 21 □입니다.

13 에어컨의 높이는 약 2 □입니다.

14 기린의 키는 약 5 □입니다.

3 단위를 바꾸어 나타내기 (1)

공부한 날 월 일

☀ □ 안에 알맞은 수를 써넣으시오.

1 $180\text{ cm}=100\text{ cm}+80\text{ cm}$
$=\boxed{1}\text{ m}+\boxed{80}\text{ cm}$
$=\boxed{1}\text{ m}\ \boxed{80}\text{ cm}$

100 cm=1 m를 이용합니다.

100 cm=1 m,
200 cm=2 m,
300 cm=3 m,
……를 이용해.

2 $320\text{ cm}=300\text{ cm}+20\text{ cm}$
$=\square\text{ m}+\square\text{ cm}$
$=\square\text{ m}\ \square\text{ cm}$

3 $453\text{ cm}=400\text{ cm}+53\text{ cm}$
$=\square\text{ m}+\square\text{ cm}$
$=\square\text{ m}\ \square\text{ cm}$

4 $641\text{ cm}=600\text{ cm}+\square\text{ cm}$
$=\square\text{ m}+\square\text{ cm}$
$=\square\text{ m}\ \square\text{ cm}$

5 $239\text{ cm}=\square\text{ cm}+39\text{ cm}$
$=\square\text{ m}+\square\text{ cm}$
$=\square\text{ m}\ \square\text{ cm}$

6 $512\text{ cm}=\square\text{ cm}+\square\text{ cm}$
$=\square\text{ m}+\square\text{ cm}$
$=\square\text{ m}\ \square\text{ cm}$

7 $807\text{ cm}=\square\text{ cm}+\square\text{ cm}$
$=\square\text{ m}+\square\text{ cm}$
$=\square\text{ m}\ \square\text{ cm}$

8 $165\text{ cm}=\square\text{ cm}+\square\text{ cm}$
$=\square\text{ m}+\square\text{ cm}$
$=\square\text{ m}\ \square\text{ cm}$

9 $703\text{ cm}=\square\text{ cm}+\square\text{ cm}$
$=\square\text{ m}+\square\text{ cm}$
$=\square\text{ m}\ \square\text{ cm}$

10 $348\text{ cm}=\square\text{ cm}+\square\text{ cm}$
$=\square\text{ m}+\square\text{ cm}$
$=\square\text{ m}\ \square\text{ cm}$

4 단위를 바꾸어 나타내기 (2)

공부한 날 월 일

✹ 다음을 몇 m 몇 cm로 나타내시오.

1 708 cm ⇨ 7 m 8 cm

708 cm=700 cm+8 cm
=7 m+8 cm
=7 m 8 cm

2 985 cm ⇨

3 256 cm ⇨

4 427 cm ⇨

5 501 cm ⇨

6 273 cm ⇨

7 345 cm ⇨

8 148 cm ⇨

9 303 cm ⇨

10 152 cm ⇨

11 742 cm ⇨

12 810 cm ⇨

13 946 cm ⇨

14 605 cm ⇨

3 길이 재기

5 단위를 바꾸어 나타내기 (3)

✸ □ 안에 알맞은 수를 써넣으시오.

1 1 m 7 cm=1 m+7 cm
=100 cm+[7] cm
=[107] cm

1 m=100 cm를 이용합니다.

6 3 m 50 cm=□ m+□ cm
=□ cm+□ cm
=□ cm

2 7 m 11 cm=7 m+11 cm
=□ cm+11 cm
=□ cm

7 4 m 84 cm=□ m+□ cm
=□ cm+□ cm
=□ cm

3 8 m 92 cm=8 m+92 cm
=800 cm+□ cm
=□ cm

8 6 m 79 cm=□ m+□ cm
=□ cm+□ cm
=□ cm

4 2 m 52 cm=2 m+52 cm
=□ cm+52 cm
=□ cm

9 5 m 8 cm=□ m+□ cm
=□ cm+□ cm
=□ cm

5 1 m 43 cm=1 m+43 cm
=100 cm+□ cm
=□ cm

10 4 m 30 cm=□ m+□ cm
=□ cm+□ cm
=□ cm

공부한 날 월 일

✹ 다음을 몇 cm로 나타내시오.

1 4 m 53 cm ⇨ 453 cm

4 m 53 cm=4 m+53 cm
=400 cm+53 cm
=453 cm

2 5 m 70 cm ⇨

3 9 m 31 cm ⇨

4 6 m 85 cm ⇨

5 3 m 72 cm ⇨

6 2 m 48 cm ⇨

7 7 m 15 cm ⇨

8 1 m 24 cm ⇨

9 8 m 91 cm ⇨

10 3 m 5 cm ⇨

11 5 m 37 cm ⇨

12 4 m 20 cm ⇨

13 1 m 83 cm ⇨

14 6 m 55 cm ⇨

3 길이 재기

7 자의 눈금 읽기

공부한 날 월 일

✹ 자의 눈금을 읽어 보시오.

1 [102] cm　　[1] m [8] cm

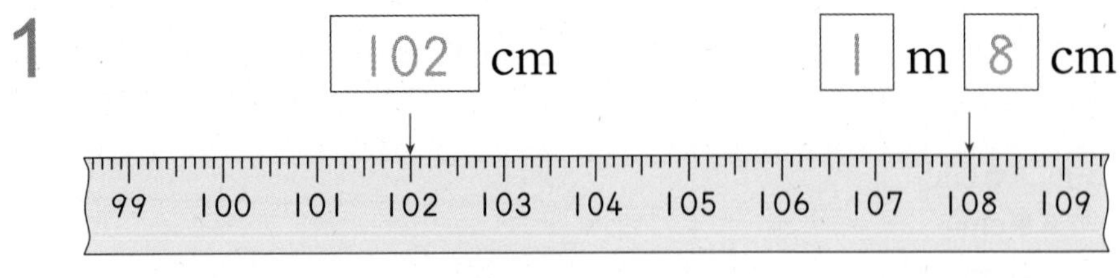

100 cm보다 2 cm 더 긴 것은 102 cm이고,
108 cm는 1 m보다 8 cm 더 긴 것이므로 1 m 8 cm입니다.

2 □ m □ cm　　□ cm

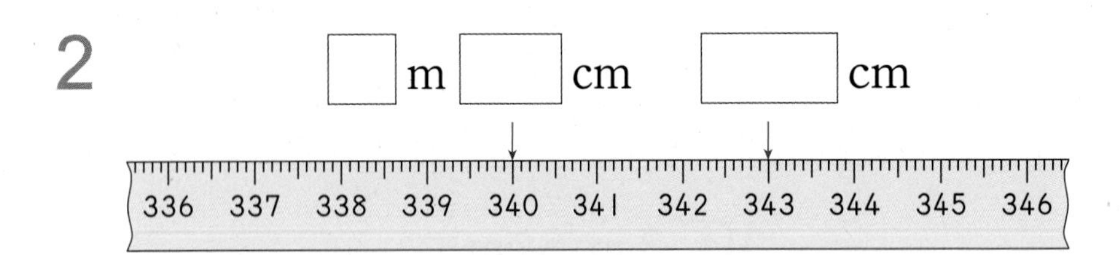

3 □ m □ cm　　□ cm

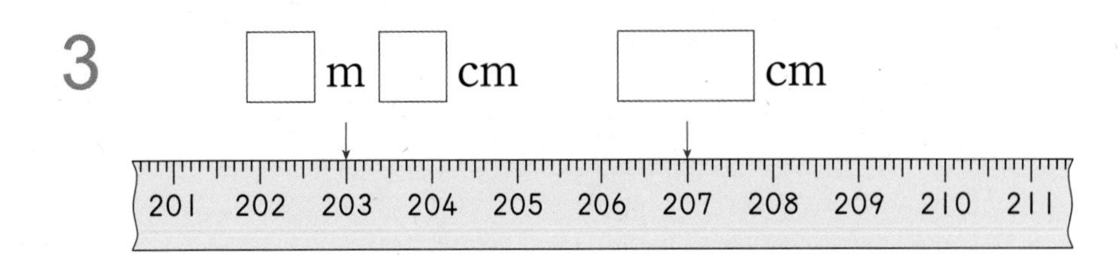

4 □ cm　　□ m □ cm

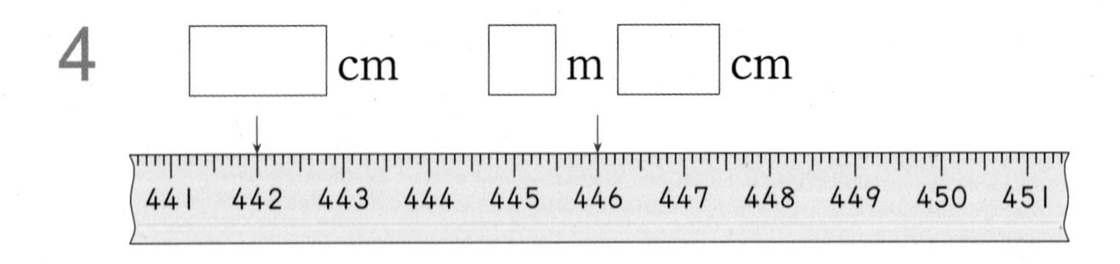

5 □ m □ cm　　□ cm

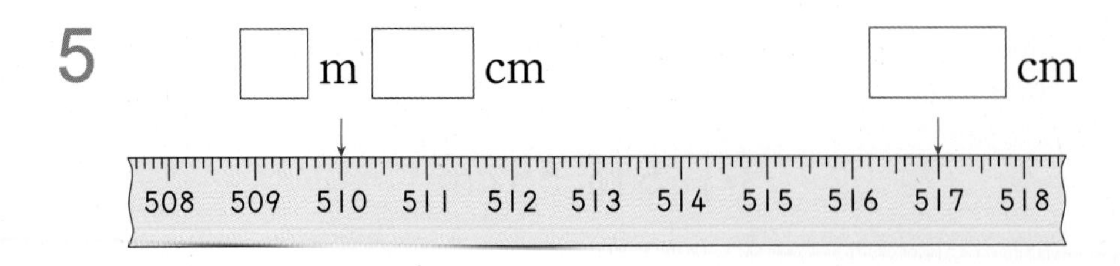

8 자로 길이 재기

공부한 날 월 일

✱ 자로 길이를 잰 것입니다. 길이를 구하시오.

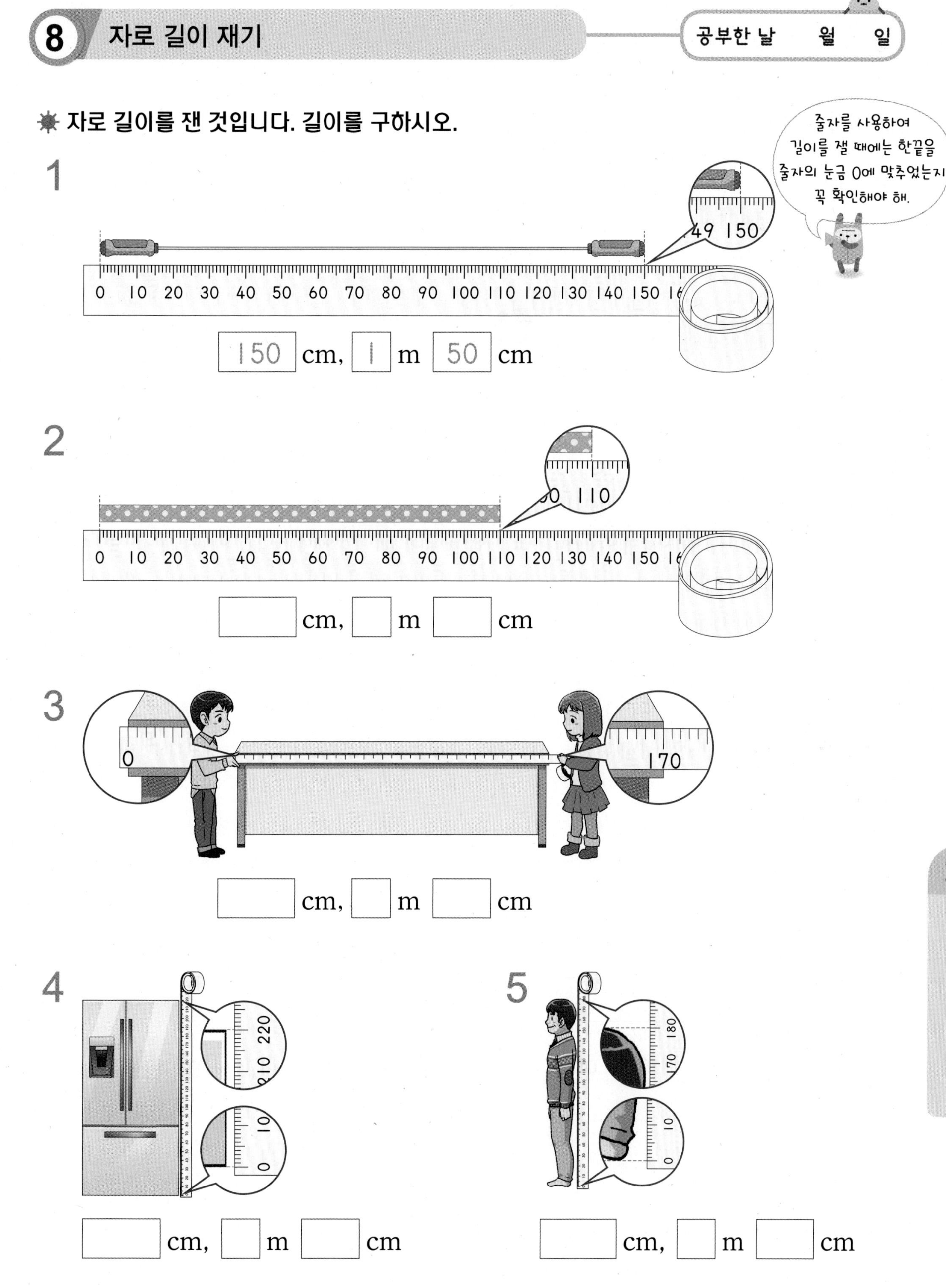

1. [150] cm, [1] m [50] cm

2. [ ] cm, [ ] m [ ] cm

3. [ ] cm, [ ] m [ ] cm

4. [ ] cm, [ ] m [ ] cm

5. [ ] cm, [ ] m [ ] cm

공부한 날 월 일

9 길이 비교하기

✹ 길이를 비교하여 ○ 안에 >, =, <를 알맞게 써넣으시오.

1 7 m 20 cm (>) 708 cm

7 m 20 cm=720 cm
⇨ 720 cm>708 cm

길이의 단위가 다를 때에는 길이의 단위를 같게 하여 비교하는 것이 좋아.

2 150 cm ○ 2 m 32 cm

3 372 cm ○ 3 m 48 cm

4 8 m 16 cm ○ 900 cm

5 193 cm ○ 1 m 1 cm

6 4 m 17 cm ○ 417 cm

7 258 cm ○ 20 m 5 cm

8 264 cm ○ 2 m 80 cm

9 5 m 51 cm ○ 560 cm

10 777 cm ○ 8 m 10 cm

11 6 m 32 cm ○ 623 cm

12 2 m 19 cm ○ 308 cm

13 425 cm ○ 4 m 56 cm

14 8 m 60 cm ○ 86 cm

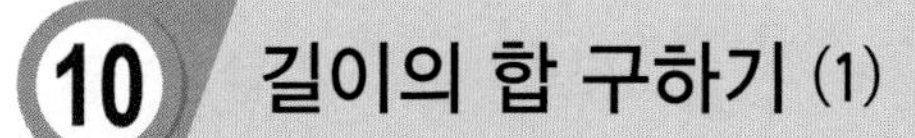

10 길이의 합 구하기 (1)

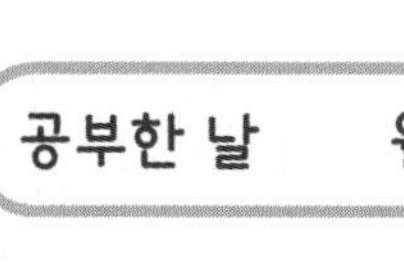

□ 안에 알맞은 수를 써넣으시오.

m는 m끼리, cm는 cm끼리 더해.

1

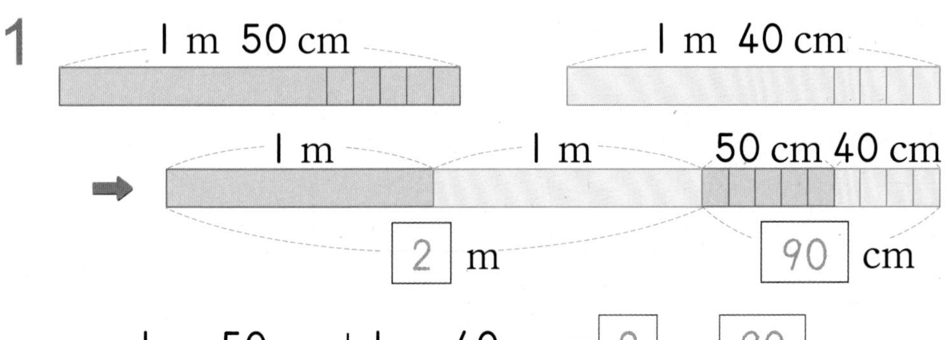

1 m 50 cm+1 m 40 cm=[2] m [90] cm

1 m 50 cm+1 m 40 cm=(1 m+1 m)+(50 cm+40 cm)
=2 m+90 cm=2 m 90 cm

2

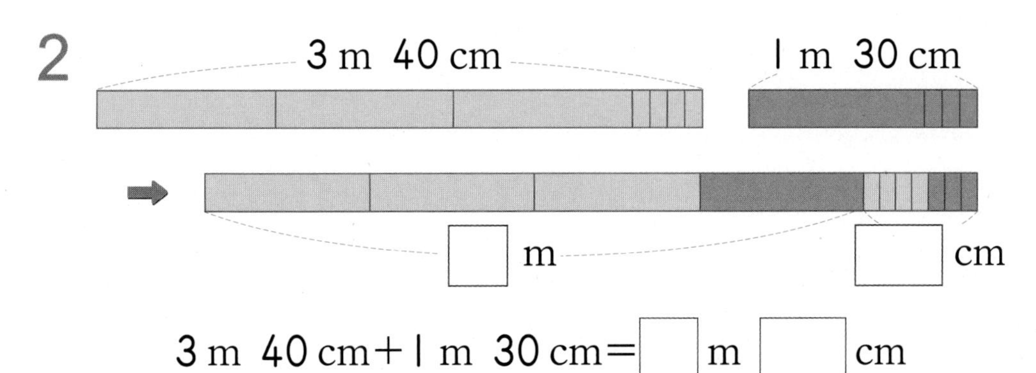

3 m 40 cm+1 m 30 cm=□ m □ cm

3

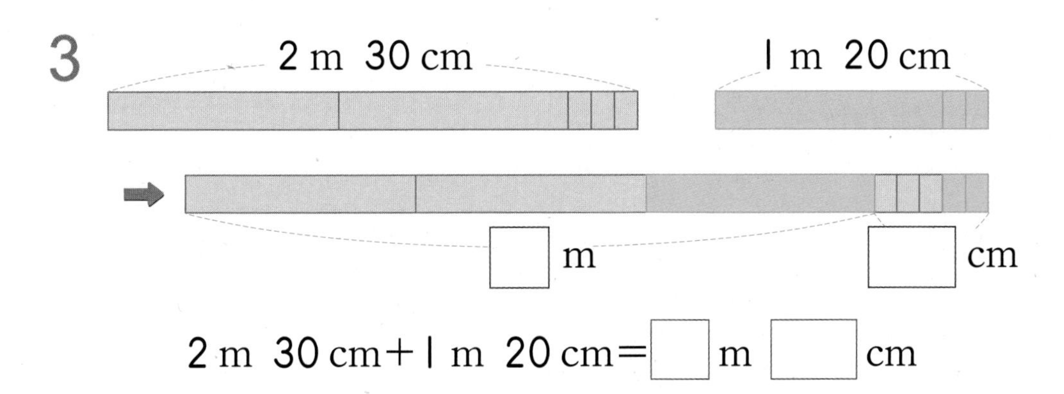

2 m 30 cm+1 m 20 cm=□ m □ cm

4

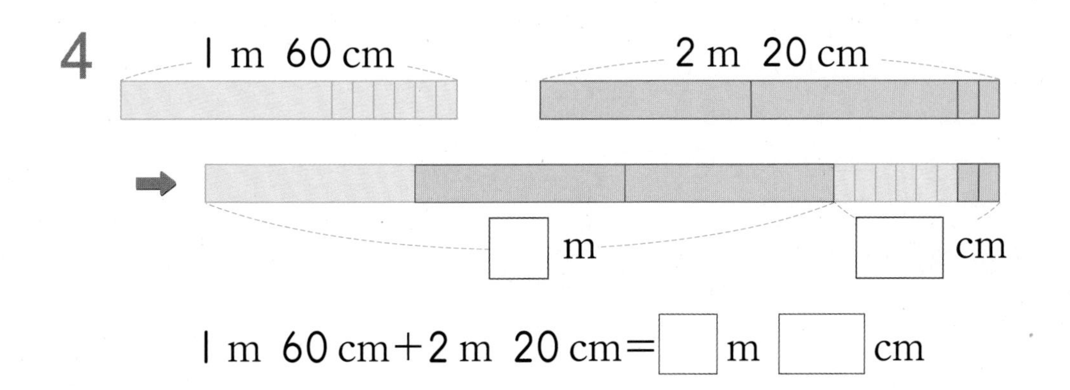

1 m 60 cm+2 m 20 cm=□ m □ cm

3 길이 재기

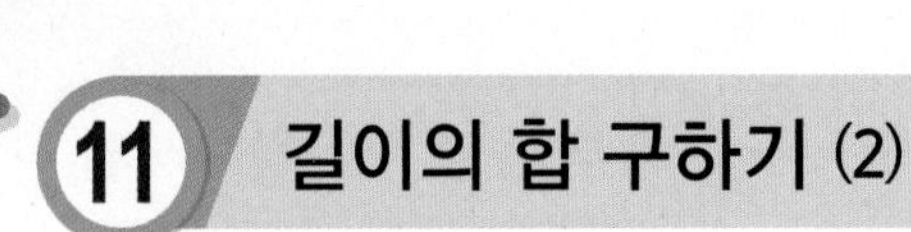

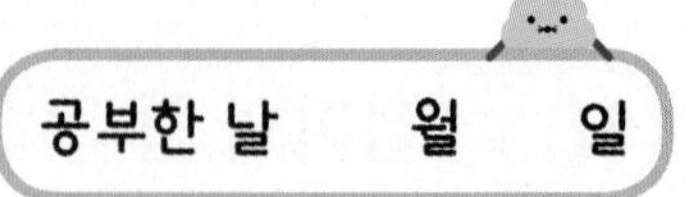

☀ □ 안에 알맞은 수를 써넣으시오.

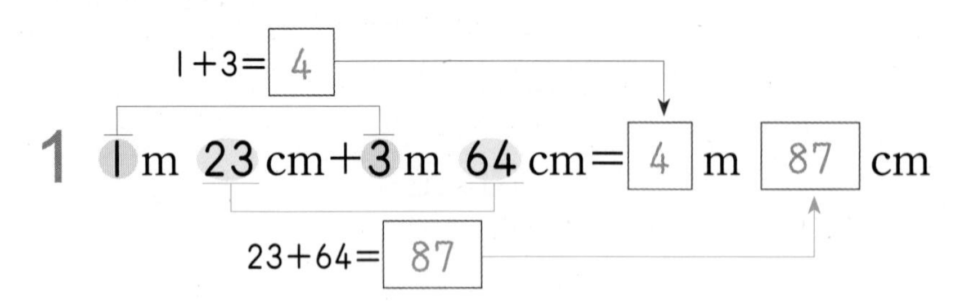

1 1 m 23 cm+3 m 64 cm= 4 m 87 cm

1+3= 4

23+64= 87

2 3 m 50 cm+2 m 20 cm=□ m □ cm

3+2=□

50+20=□

3 2 m 63 cm+5 m 13 cm=□ m □ cm

2+5=□

63+13=□

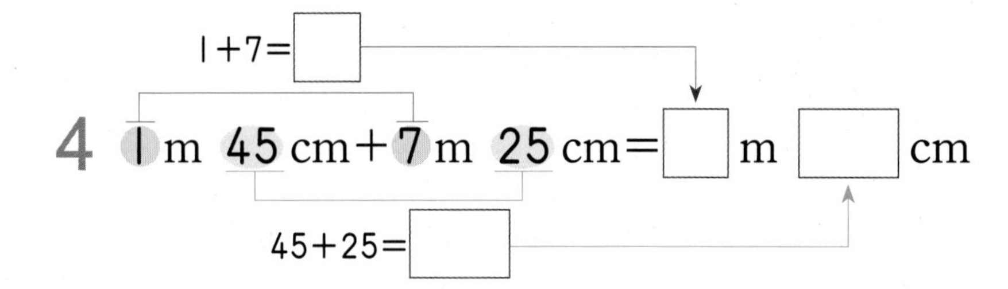

4 1 m 45 cm+7 m 25 cm=□ m □ cm

1+7=□

45+25=□

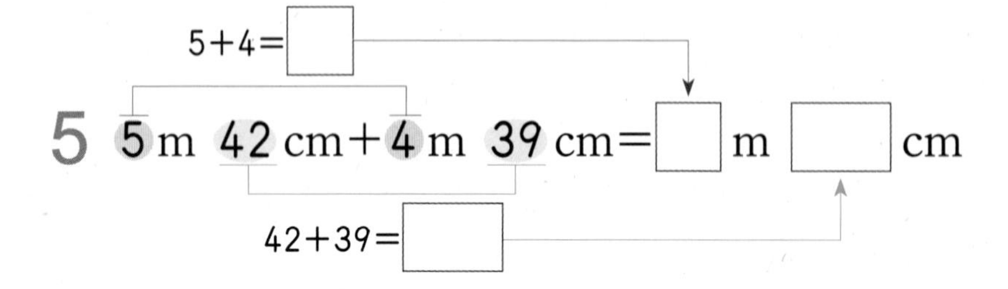

5 5 m 42 cm+4 m 39 cm=□ m □ cm

5+4=□

42+39=□

6 6 m 18 cm+7 m 43 cm=□ m □ cm

6+7=□

18+43=□

공부한 날 월 일

12 길이의 합 구하기 (3)

✹ 길이의 합을 구하시오.

1 3 m 15 cm+4 m 28 cm=7 m 43 cm

3 m+4 m=7 m
15 cm+28 cm=43 cm
→ 7 m 43 cm

2 5 m 29 cm+2 m 41 cm

3 7 m 18 cm+1 m 63 cm

4 6 m 54 cm+3 m 25 cm

5 1 m 6 cm+5 m 19 cm

6 8 m 40 cm+4 m 32 cm

7 2 m 21 cm+6 m 59 cm

8 1 m 30 cm+4 m 28 cm

9 5 m 60 cm+2 m 15 cm

10 3 m 15 cm+6 m 35 cm

11 4 m 17 cm+5 m 50 cm

12 9 m 26 cm+3 m 40 cm

13 6 m 41 cm+1 m 37 cm

13 길이의 합 구하기 (4)

✱ 길이의 합을 구하시오.

세로로 계산할 때에는 보통 cm 단위부터 계산해.

1

	1 m	23 cm
+	3 m	64 cm
	[4] m	[87] cm

	1 m	23 cm			1 m	23 cm
+	3 m	64 cm	⇨	+	3 m	64 cm
		87 cm			4 m	87 cm

2

	3 m	30 cm
+	1 m	20 cm
	4 m	□ cm

3

	2 m	40 cm
+	4 m	50 cm
	□ m	90 cm

4

	7 m	10 cm
+	3 m	47 cm
	□ m	57 cm

5

	1 m	12 cm
+	6 m	51 cm
	7 m	□ cm

6

	7 m	54 cm
+	2 m	13 cm
	9 m	□ cm

7

	8 m	15 cm
+	4 m	23 cm
	□ m	38 cm

8

	1 m	27 cm
+	3 m	46 cm
	□ m	73 cm

9

	5 m	42 cm
+	8 m	39 cm
	13 m	□ cm

10

	2 m	28 cm
+	9 m	16 cm
	□ m	44 cm

11
$$\begin{array}{rrr} & 6\text{ m} & 20\text{ cm} \\ + & 2\text{ m} & 50\text{ cm} \\ \hline \end{array}$$

16
$$\begin{array}{rrr} & 2\text{ m} & 38\text{ cm} \\ + & 4\text{ m} & 24\text{ cm} \\ \hline \end{array}$$

12
$$\begin{array}{rrr} & 3\text{ m} & 40\text{ cm} \\ + & 2\text{ m} & 10\text{ cm} \\ \hline \end{array}$$

17
$$\begin{array}{rrr} & 8\text{ m} & 52\text{ cm} \\ + & 4\text{ m} & 19\text{ cm} \\ \hline \end{array}$$

13
$$\begin{array}{rrr} & 1\text{ m} & 36\text{ cm} \\ + & 5\text{ m} & 26\text{ cm} \\ \hline \end{array}$$

18
$$\begin{array}{rrr} & 3\text{ m} & 70\text{ cm} \\ + & 6\text{ m} & 17\text{ cm} \\ \hline \end{array}$$

14
$$\begin{array}{rrr} & 4\text{ m} & 52\text{ cm} \\ + & 2\text{ m} & 43\text{ cm} \\ \hline \end{array}$$

19
$$\begin{array}{rrr} & 5\text{ m} & 29\text{ cm} \\ + & 2\text{ m} & 38\text{ cm} \\ \hline \end{array}$$

15
$$\begin{array}{rrr} & 7\text{ m} & 44\text{ cm} \\ + & 1\text{ m} & 52\text{ cm} \\ \hline \end{array}$$

20
$$\begin{array}{rrr} & 2\text{ m} & 63\text{ cm} \\ + & 7\text{ m} & 25\text{ cm} \\ \hline \end{array}$$

공부한 날 월 일

✹ 색 테이프의 전체 길이를 구하시오.

색 테이프의 전체 길이를 구해야 하므로 두 색 테이프의 길이를 더해.

1
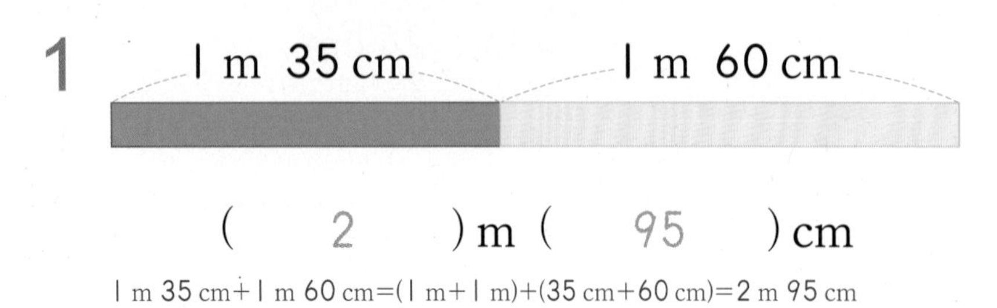

(2) m (95) cm

1 m 35 cm+1 m 60 cm=(1 m+1 m)+(35 cm+60 cm)=2 m 95 cm

2
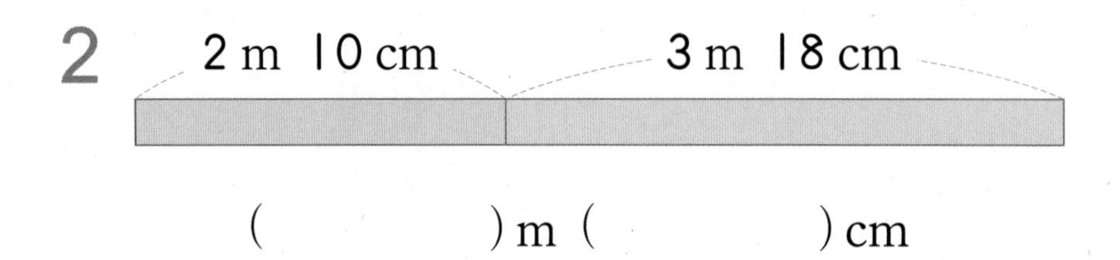

(   ) m (   ) cm

3
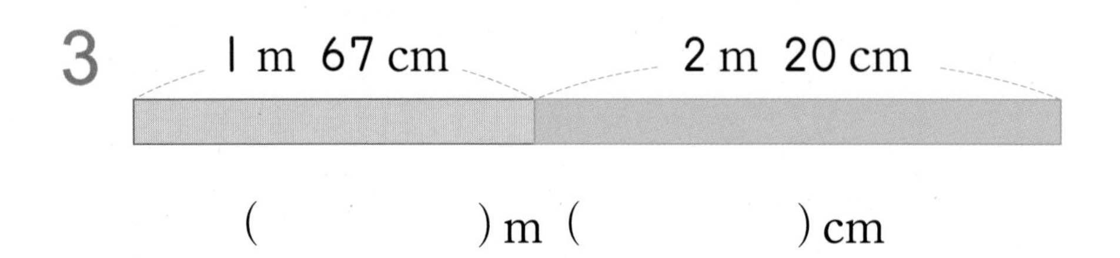

(   ) m (   ) cm

4
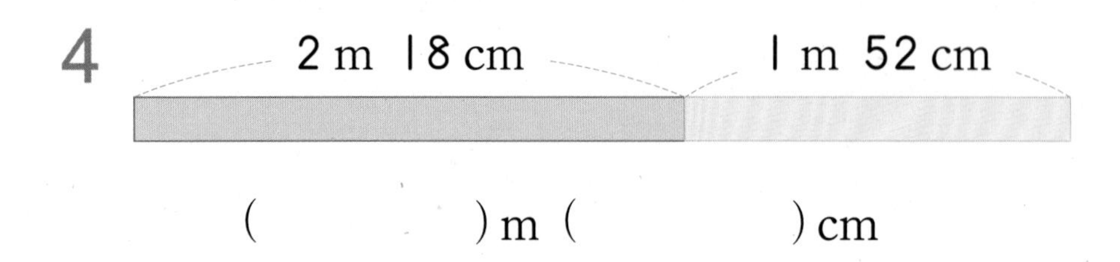

(   ) m (   ) cm

5
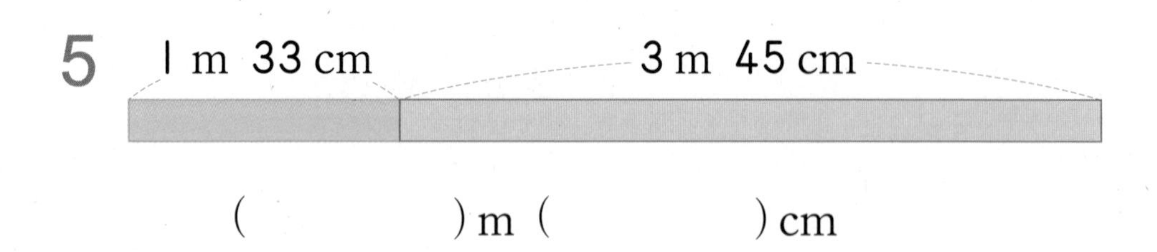

(   ) m (   ) cm

6

2 m 60 cm | 2 m 32 cm

(   ) m (   ) cm

15 길이의 합 구하기 (6)

공부한 날 월 일

✱ 길이의 합을 구하시오.

1 2 m 20 cm+50 cm=2 m 70 cm

20+50=70

2 5 m 33 cm+20 cm

3 1 m 40 cm+17 cm

4 6 m 15 cm+33 cm

5 10 m 2 cm+20 cm

6 8 m 91 cm+6 cm

7 3 m 38 cm+40 cm

8 10 cm+6 m 70 cm

9 68 cm+2 m 20 cm

10 24 cm+5 m 41 cm

11 19 cm+5 m 18 cm

12 70 cm+10 m 5 cm

13 45 cm+4 m 17 cm

3 길이 재기

16 길이의 합 구하기 (7)

공부한 날 월 일

✸ 가장 긴 길이와 가장 짧은 길이의 합을 구하시오.

1 2 m 20 cm　　2 m 10 cm　　2 m 2 cm

(4) m (22) cm

2 m 20 cm>2 m 10 cm>2 m 2 cm이므로 2 m 20 cm+2 m 2 cm=4 m 22 cm입니다.

2 3 m 8 cm　　3 m 2 cm　　3 m 50 cm

(　　) m (　　) cm

3 7 m 5 cm　　6 m 59 cm　　6 m 70 cm

(　　) m (　　) cm

4 4 m 25 cm　　5 m 2 cm　　8 m 10 cm

(　　) m (　　) cm

5 6 m 20 cm　　4 m 15 cm　　2 m 67 cm

(　　) m (　　) cm

6 9 m 5 cm　　9 m 50 cm　　9 m 8 cm

(　　) m (　　) cm

17 길이의 차 구하기 (1)

공부한 날 월 일

☀ □ 안에 알맞은 수를 써넣으시오.

1

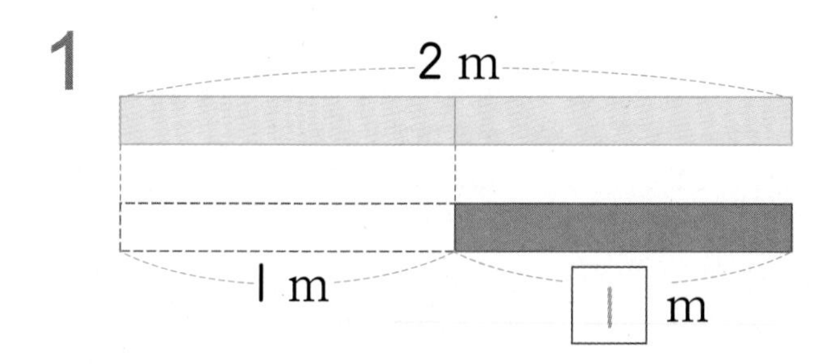

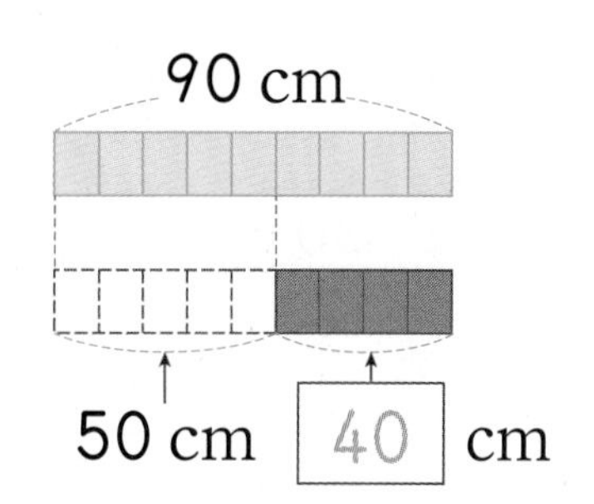

2 m 90 cm − 1 m 50 cm = [1] m [40] cm

2 m 90 cm − 1 m 50 cm = (2 m − 1 m) + (90 cm − 50 cm)
= 1 m + 40 cm = 1 m 40 cm

2

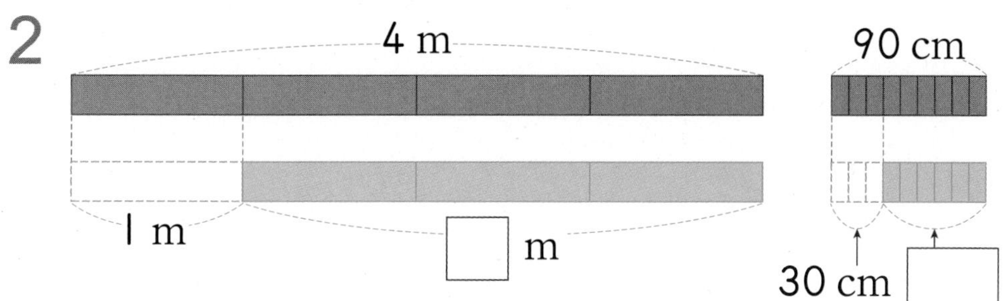

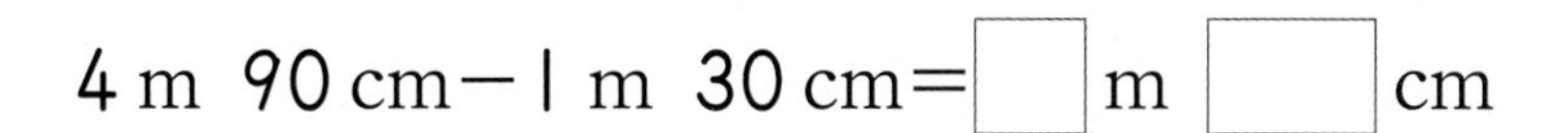

3

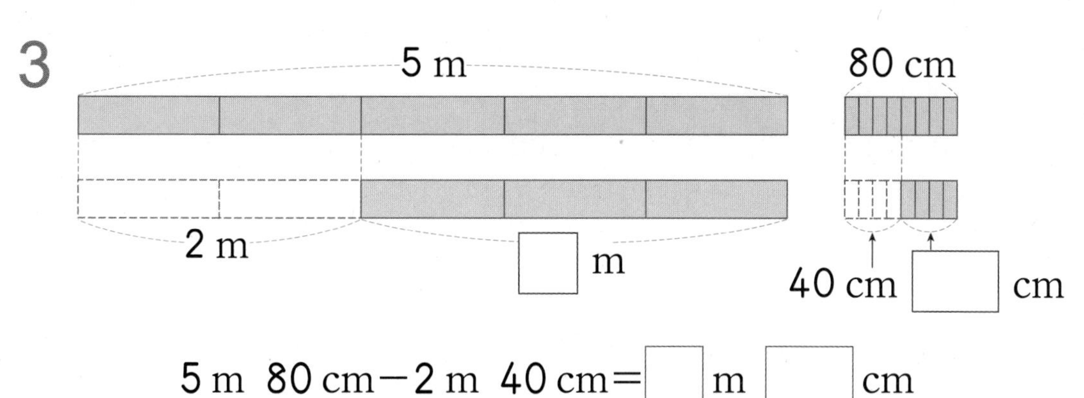

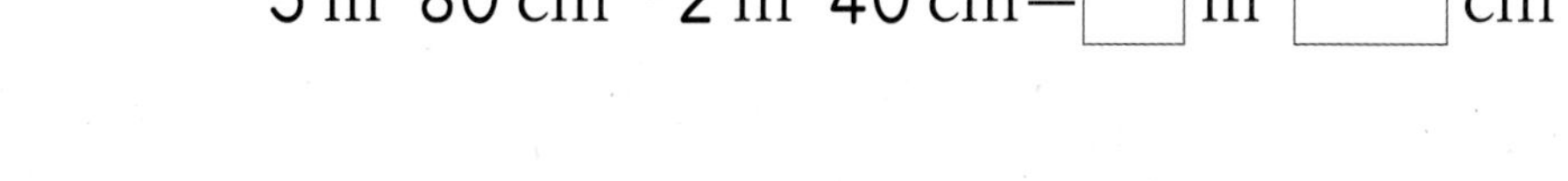

4

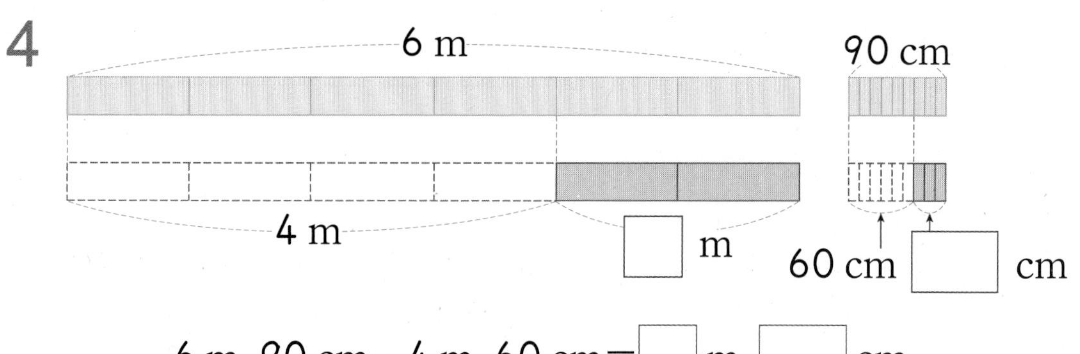

6 m 90 cm − 4 m 60 cm = □ m □ cm

3 길이 재기

18 길이의 차 구하기 (2)

공부한 날 월 일

☀ □ 안에 알맞은 수를 써넣으시오.

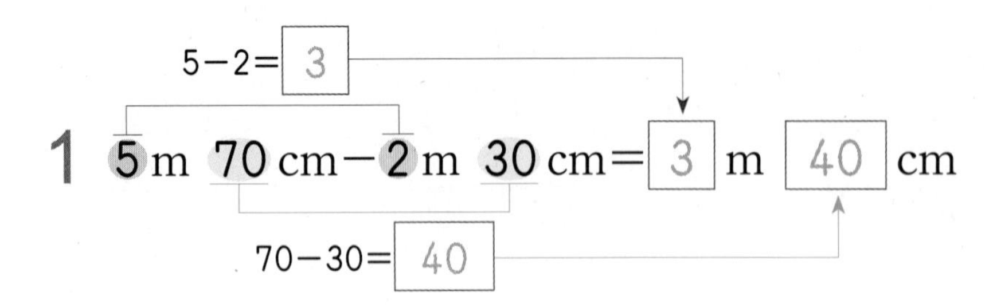

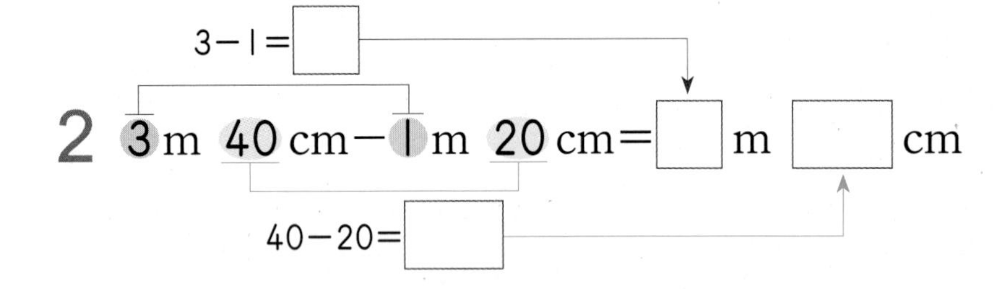

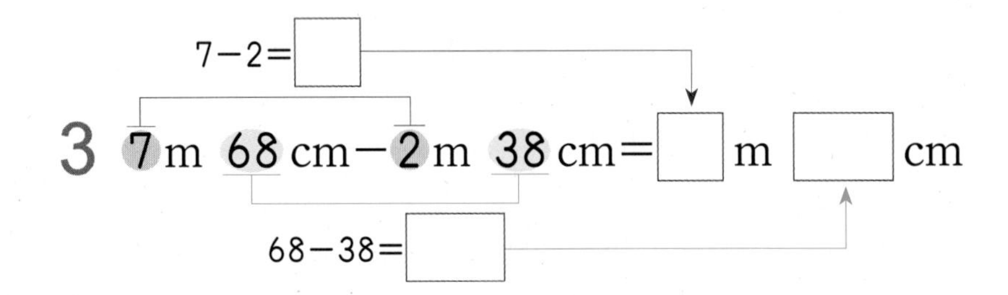

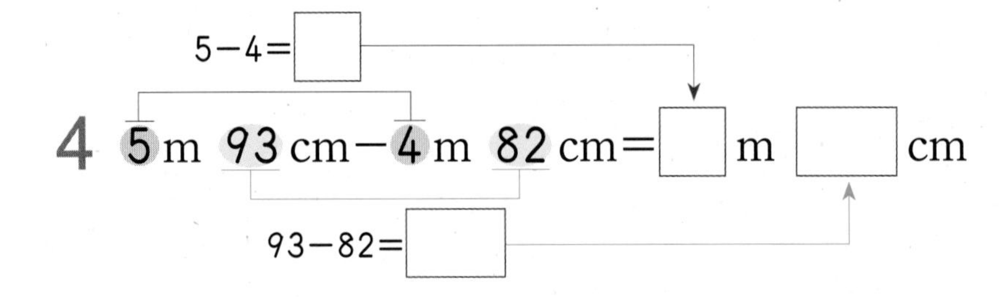

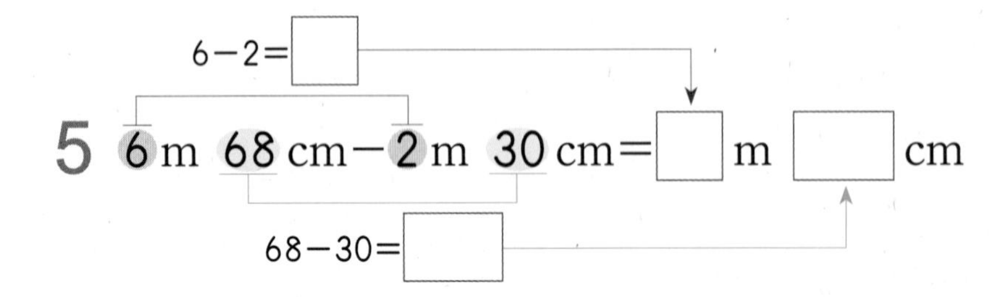

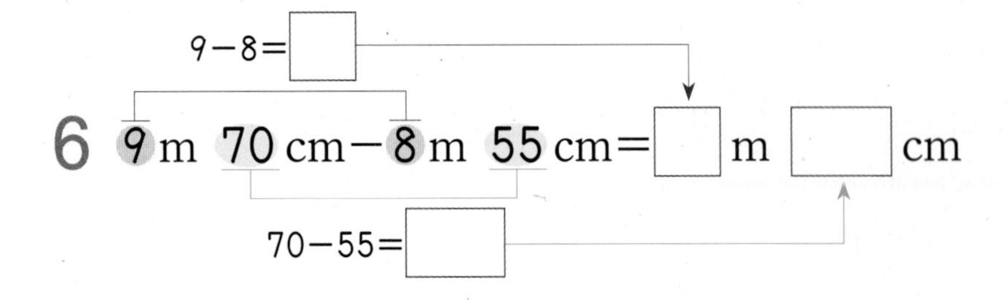

공부한 날 월 일

✸ 길이의 차를 구하시오.

1 4 m 70 cm−1 m 10 cm=3 m 60 cm

4 m−1 m=3 m
70 cm−10 cm=60 cm
3 m 60 cm

2 8 m 53 cm−2 m 20 cm

3 6 m 85 cm−3 m 35 cm

4 9 m 74 cm−5 m 20 cm

5 5 m 60 cm−3 m 55 cm

6 2 m 48 cm−1 m 12 cm

7 10 m 29 cm−4 m 10 cm

8 2 m 30 cm−1 m 10 cm

9 7 m 45 cm−2 m 25 cm

10 8 m 53 cm−4 m 40 cm

11 17 m 85 cm−2 m 80 cm

12 5 m 70 cm−4 m 35 cm

13 3 m 92 cm−1 m 50 cm

20 길이의 차 구하기 (4)

✵ 길이의 차를 구하시오.

세로로 계산할 때에는 보통 cm 단위부터 계산해.

1

	6 m	30 cm
−	2 m	10 cm
	[4] m	[20] cm

	6 m	30 cm	⇨		6 m	30 cm
−	2 m	10 cm		−	2 m	10 cm
		20 cm			4 m	20 cm

2

	8 m	90 cm
−	5 m	20 cm
	3 m	□ cm

3

	5 m	76 cm
−	2 m	70 cm
	□ m	6 cm

4

	8 m	62 cm
−	6 m	50 cm
	□ m	12 cm

5

	7 m	77 cm
−	3 m	35 cm
	4 m	□ cm

6

	7 m	87 cm
−	5 m	37 cm
	2 m	□ cm

7

	2 m	55 cm
−	1 m	31 cm
	□ m	24 cm

8

	9 m	36 cm
−	5 m	18 cm
	4 m	□ cm

9

	3 m	50 cm
−	2 m	27 cm
	1 m	□ cm

10

	10 m	64 cm
−	1 m	24 cm
	□ m	40 cm

공부한 날 월 일

11
$$\begin{array}{rrr} & 8\text{ m} & 90\text{ cm} \\ - & 7\text{ m} & 50\text{ cm} \\ \hline \end{array}$$

12
$$\begin{array}{rrr} & 7\text{ m} & 48\text{ cm} \\ - & 3\text{ m} & 28\text{ cm} \\ \hline \end{array}$$

13
$$\begin{array}{rrr} & 9\text{ m} & 67\text{ cm} \\ - & 5\text{ m} & 50\text{ cm} \\ \hline \end{array}$$

14
$$\begin{array}{rrr} & 3\text{ m} & 27\text{ cm} \\ - & 2\text{ m} & 10\text{ cm} \\ \hline \end{array}$$

15
$$\begin{array}{rrr} & 7\text{ m} & 39\text{ cm} \\ - & 3\text{ m} & 27\text{ cm} \\ \hline \end{array}$$

16
$$\begin{array}{rrr} & 5\text{ m} & 62\text{ cm} \\ - & 3\text{ m} & 5\text{ cm} \\ \hline \end{array}$$

17
$$\begin{array}{rrr} & 9\text{ m} & 45\text{ cm} \\ - & 3\text{ m} & 20\text{ cm} \\ \hline \end{array}$$

18
$$\begin{array}{rrr} & 8\text{ m} & 95\text{ cm} \\ - & 4\text{ m} & 63\text{ cm} \\ \hline \end{array}$$

19
$$\begin{array}{rrr} & 4\text{ m} & 38\text{ cm} \\ - & 1\text{ m} & 25\text{ cm} \\ \hline \end{array}$$

20
$$\begin{array}{rrr} & 6\text{ m} & 92\text{ cm} \\ - & 5\text{ m} & 50\text{ cm} \\ \hline \end{array}$$

21 길이의 차 구하기 (5)

공부한 날 월 일

사용한 색 테이프의 길이를 구하시오.

처음 길이에서 남은 길이를 빼면 사용한 색 테이프의 길이가 되는 거야.

1

처음 길이: 2 m 15 cm

남은 길이: 1 m

(1) m (15) cm

2 m 15 cm − 1 m = 1 m 15 cm

2

처음 길이: 3 m 15 cm

남은 길이: 1 m 10 cm

(   ) m (   ) cm

3

처음 길이: 2 m 80 cm

남은 길이: 1 m 50 cm

(   ) m (   ) cm

4

처음 길이: 4 m 30 cm

남은 길이: 2 m 15 cm

(   ) m (   ) cm

5

처음 길이: 3 m 79 cm

남은 길이: 2 m 45 cm

(   ) m (   ) cm

공부한 날 월 일

✺ 길이의 차를 구하시오.

1 3 m 90 cm − 40 cm = 3 m 50 cm

90−40=50

2 3 m 50 cm − 10 cm

3 6 m 75 cm − 20 cm

4 5 m 38 cm − 19 cm

5 8 m 85 cm − 63 cm

6 3 m 38 cm − 15 cm

7 15 m 74 cm − 70 cm

8 5 m 63 cm − 40 cm

9 3 m 15 cm − 9 cm

10 7 m 46 cm − 36 cm

11 8 m 92 cm − 20 cm

12 2 m 60 cm − 50 cm

13 6 m 22 cm − 15 cm

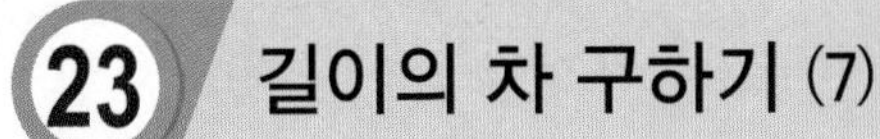

23 길이의 차 구하기 (7)

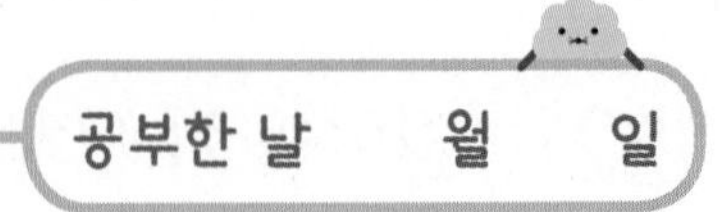

✸ 가장 긴 길이와 가장 짧은 길이의 차를 구하시오.

길이를 비교하여 가장 긴 길이와 가장 짧은 길이를 먼저 구해.

1 7 m 30 cm　　4 m 50 cm　　8 m 60 cm

(4) m (10) cm

8 m 60 cm>7 m 30 cm>4 m 50 cm이므로 8 m 60 cm−4 m 50 cm=4 m 10 cm입니다.

2 3 m 8 cm　　3 m 80 cm　　3 m 60 cm

(　　　) cm

3 6 m 52 cm　　8 m 90 cm　　8 m 9 cm

(　　　) m (　　　) cm

4 4 m 40 cm　　4 m 45 cm　　3 m 10 cm

(　　　) m (　　　) cm

5 8 m 63 cm　　8 m 36 cm　　7 m 50 cm

(　　　) m (　　　) cm

6 1 m 80 cm　　3 m 27 cm　　4 m 99 cm

(　　　) m (　　　) cm

24 길이의 합과 차 구하기

공부한 날 월 일

✹ 이어 붙인 색 테이프의 전체 길이는 몇 m 몇 cm인지 구하시오.

1

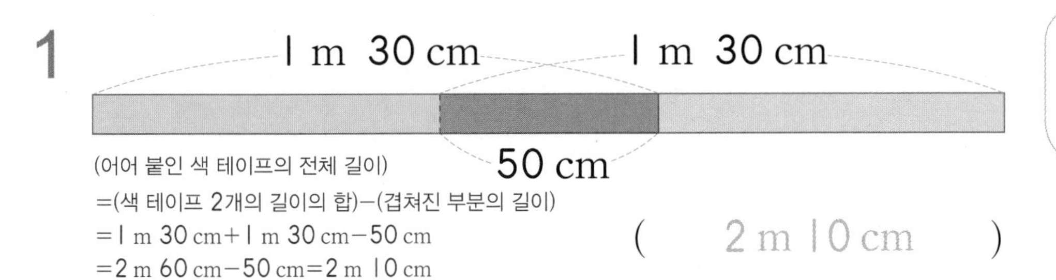

(어어 붙인 색 테이프의 전체 길이)
=(색 테이프 2개의 길이의 합)−(겹쳐진 부분의 길이)
=1 m 30 cm+1 m 30 cm−50 cm
=2 m 60 cm−50 cm=2 m 10 cm

(2 m 10 cm)

2

1 m 40 cm　1 m 40 cm

60 cm

(　　　　)

3

2 m 30 cm　2 m 30 cm

1 m 20 cm

(　　　　)

4

1 m 40 cm　1 m 55 cm

80 cm

(　　　　)

5

1 m 30 cm　1 m 30 cm　1 m 30 cm

40 cm　40 cm

(　　　　)

6

2 m 20 cm　2 m 28 cm　2 m 30 cm

35 cm　35 cm

(　　　　)

단원평가 3. 길이 재기

1 길이를 바르게 읽어 보시오.

(1) 3 m ( )

(2) 7 m 83 cm ( )

• m는 미터, cm는 센티미터라고 읽습니다.

2 길이의 단위를 m로 나타내기에 알맞은 것에 ○표 하시오.

교실 칠판의 긴 쪽의 길이 ( )

필통의 길이 ( )

색연필의 길이 ( )

• 100 cm보다 긴 길이를 m로 나타내기에 적당합니다.

3 □ 안에 알맞은 수를 써넣으시오.

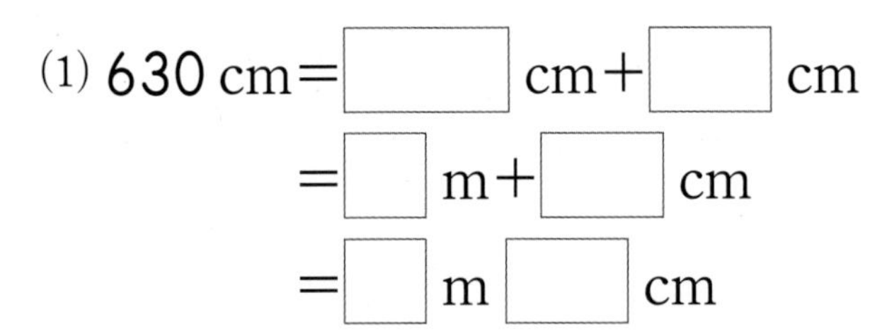

(1) 630 cm = □ cm + □ cm

= □ m + □ cm

= □ m □ cm

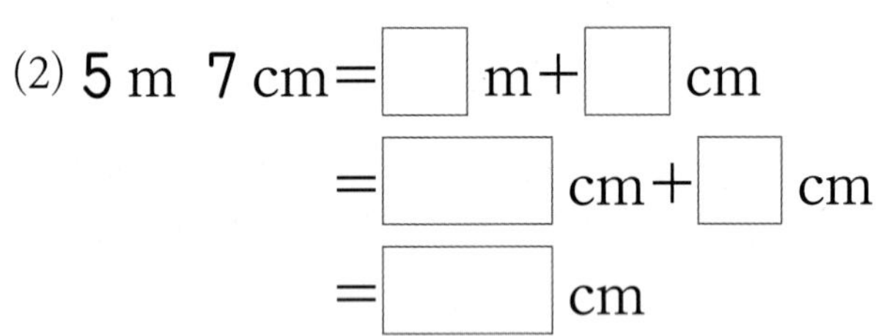

(2) 5 m 7 cm = □ m + □ cm

= □ cm + □ cm

= □ cm

520 cm는 5 m 20 cm로, 502 cm는 5 m 2 cm로 나타내는 것에 주의해.

4 길이를 비교하여 ○ 안에 >, =, <를 알맞게 써넣으시오.

(1) 360 cm ○ 3 m 70 cm

(2) 899 cm ○ 9 m

• 단위를 같게 하여 길이를 비교합니다.

[5~8] 계산을 하시오.

5 6 m 32 cm+3 m 50 cm

6 4 m 87 cm−2 m 41 cm

7

$$\begin{array}{rrr} & 2\text{ m} & 24\text{ cm} \\ + & 6\text{ m} & 15\text{ cm} \\ \hline \end{array}$$

8

$$\begin{array}{rrr} & 9\text{ m} & 76\text{ cm} \\ - & 1\text{ m} & 53\text{ cm} \\ \hline \end{array}$$

• m는 m끼리, cm는 cm끼리 계산합니다.

9 다음을 읽고 주희와 민호 중에서 키가 더 큰 사람의 이름을 쓰시오.

내 키는 140 cm야.

주희

민호

내 키는 1 m 35 cm야.

(   )

10 색 테이프의 전체 길이는 몇 m 몇 cm인지 식을 쓰고 답을 구하시오.

2 m 60 cm　　5 m 20 cm

식 ______________________

답 ______________

• 색 테이프의 전체 길이를 구해야 하므로 길이의 합을 구합니다.

3 길이 재기

QR 코드를 찍어 보세요.

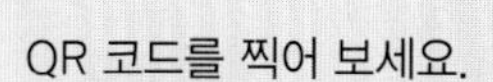

문제 생성기 새로운 문제를 계속 풀 수 있어요.

학습 게임 재미있는 학습 게임을 할 수 있어요.

4 시각과 시간

QR 코드를 찍어 보세요.
재미있는 학습 게임을
할 수 있어요.

제4화 음식을 눈앞에 두고도 먹을 수 없다니…….

이미 배운 내용	이번에 배울 내용	앞으로 배울 내용
[1-2 시계 보기와 규칙 찾기] • 몇 시 알아보기 • 몇 시 30분 알아보기	• 몇 시 몇 분 알아보기 • 여러 가지 방법으로 시각 읽기 • 시간 알아보기 • 하루의 시간, 달력 알아보기	[3-1 시간과 길이] • 1초 알아보기 • 시간의 덧셈 • 시간의 뺄셈

60분=1시간

배운 것 확인하기

1 몇 시 읽기

✸ 시각을 쓰시오.

1

긴바늘이 12를 가리키면 짧은바늘이 가리키는 숫자를 읽어.

()

긴바늘이 12를, 짧은바늘이 2를 가리키므로 2시입니다.

2

(　　　　　　)

3

(　　　　　　)

4

(　　　　　　)

2 몇 시 나타내기

✸ 시각을 시계에 나타내어 보시오.

1

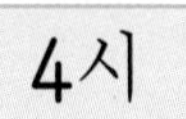

2

6시

3

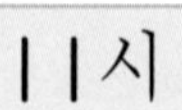

4

8시

3 몇 시 30분 읽기

✹ 시각을 쓰시오.

1

짧은바늘이
4와 5 사이에 있으므로
4시는 지났고 5시는
아직 안 된 거야.

(

)

긴바늘이 6을, 짧은바늘이 4와 5 사이를 가리키므로 4시 30분입니다.

2

(　　　　　　　　)

3

(　　　　　　　　)

4

(　　　　　　　　)

4 몇 시 30분 나타내기

✹ 시각을 시계에 나타내어 보시오.

1 6시 30분

■시 30분은
시계의 긴바늘이
6을 가리켜.

2 2시 30분

3 5시 30분

4 9시 30분

4 시각과 시간

1 몇 시 몇 분 읽기 (1)

공부한 날 월 일

✹ 시각을 쓰시오.

1

긴바늘이 가리키는 숫자가 1이면 5분, 2이면 10분, 3이면 15분……을 나타내는 거야.

8 시 15 분

짧은바늘이 8과 9 사이를 가리키고, 긴바늘이 3을 가리키므로 나타내는 시각은 8시 15분입니다.

2

시 분

3

시 분

4

시 분

5

시 분

6

시 분

7

시 분

8

시 분

9

시 분

10

시 분

2 몇 시 몇 분 읽기 (2)

공부한 날 월 일

✹ 시각을 쓰시오.

1

긴바늘이 가리키는
작은 눈금 한 칸은
1분을 나타내.

짧은바늘이 2와 3 사이를 가리키므로 2시, 긴바늘이 7에서 작은 눈금으로 2칸 더 간 곳을 가리키므로 37분을 나타냅니다.

2

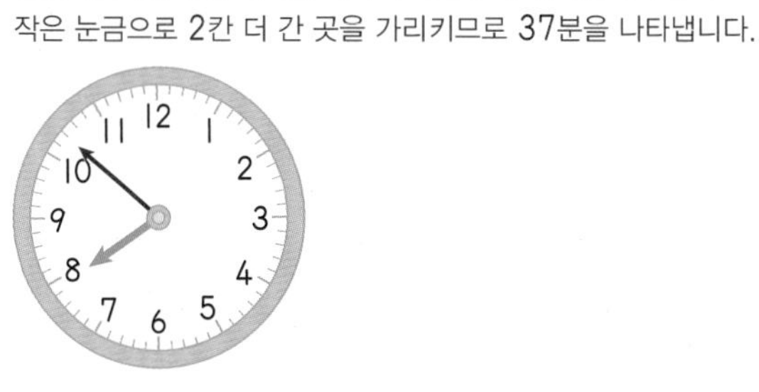

☐시 ☐분

3

☐시 ☐분

4

☐시 ☐분

5

☐시 ☐분

6

☐시 ☐분

7

☐시 ☐분

8

☐시 ☐분

9

☐시 ☐분

10

☐시 ☐분

4 시각과 시간

3 몇 시 몇 분 나타내기 (1)

공부한 날 월 일

시각에 맞게 긴바늘을 그려 넣으시오.

1 5시 40분

긴바늘이 가리키는 숫자가 1이면 5분, 2이면 10분, 3이면 15분……을 나타냅니다.

2 8시 26분

3 12:35

4 9:12

5 1시 50분

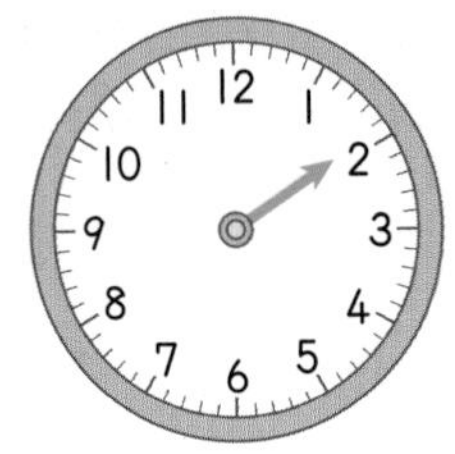

6 10시 34분

7 1:15

8 4:47

4 몇 시 몇 분 나타내기 (2)

✹ 시각에 맞게 짧은바늘과 긴바늘을 그려 넣으시오.

1 8시 5분

■시 ▲분을
나타낼 때 짧은바늘은 숫자
■와 (■+1) 사이를
가리키게 그려야 해.

8시이므로 짧은바늘이 8과 9 사이를 가리키고, 5분이므로 긴바늘이 1을 가리키도록 그립니다.

5 7시 10분

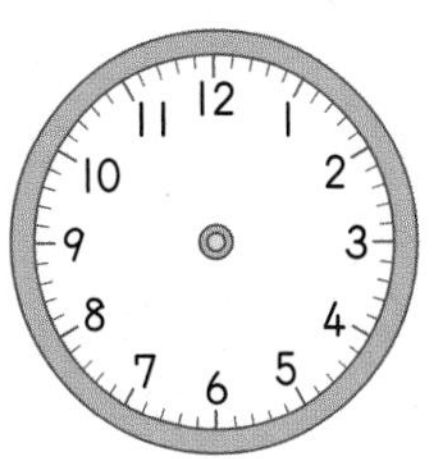

2 10시 18분

6 2시 43분

3 9:25

7 7:50

4 1:34

8 11:49

5 몇 시 몇 분 전 읽기 (1)

공부한 날 월 일

✹ 시각을 쓰시오.

1

2 시 55 분

3 시 5 분 전

2시 55분은 3시가 되기 5분 전인 시각이야.

2

□ 시 □ 분

□ 시 □ 분 전

3

□ 시 □ 분

□ 시 □ 분 전

4

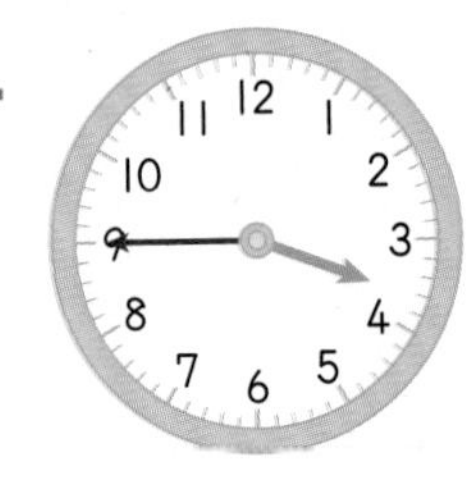

□ 시 □ 분

□ 시 □ 분 전

5

□ 시 □ 분

□ 시 □ 분 전

6

□ 시 □ 분

□ 시 □ 분 전

7

□ 시 □ 분

□ 시 □ 분 전

8

□ 시 □ 분

□ 시 □ 분 전

6 몇 시 몇 분 전 읽기 (2)

공부한 날 월 일

✹ 시각을 쓰시오.

1

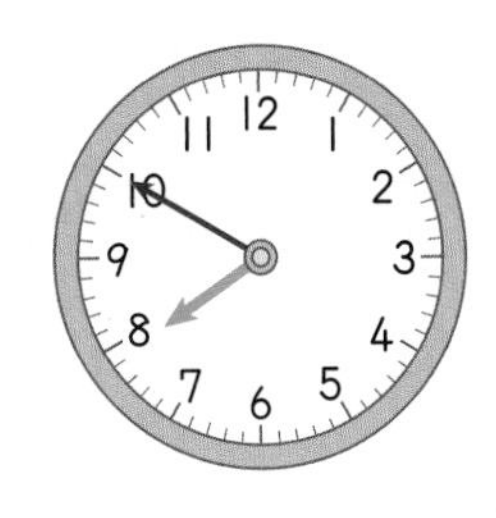

8 시 10 분 전

5

☐ 시 ☐ 분 전

2

☐ 시 ☐ 분 전

6

☐ 시 ☐ 분 전

3

☐ 시 ☐ 분 전

7

☐ 시 ☐ 분 전

4

☐ 시 ☐ 분 전

8

☐ 시 ☐ 분 전

7 몇 시 몇 분 전 읽기 (3)

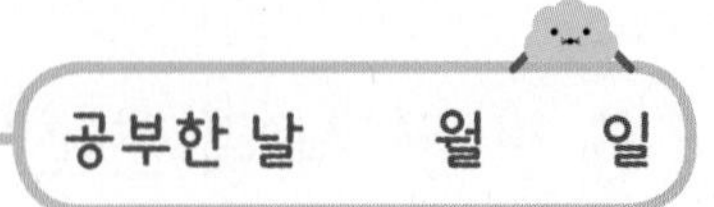

☀ □ 안에 알맞은 수를 써넣으시오.

1 4시 50분은 5시 [10]분 전입니다.

4시 50분은 5시가 되기 10분 전의 시각입니다.

2 5시 55분은 6시 □분 전입니다.

3 11시 45분은 12시 □분 전입니다.

4 7시 55분은 8시 □분 전입니다.

5 8시 45분은 □시 □분 전입니다.

6 2시 15분 전은 1시 □분입니다.

7 9시 10분 전은 8시 □분입니다.

8 1시 15분 전은 12시 □분입니다.

9 5시 5분 전은 □시 □분입니다.

10 1시 10분 전은 □시 □분입니다.

8 몇 시 몇 분 전 나타내기

공부한 날 월 일

✸ 시각에 맞게 시곗바늘을 그려 넣으시오.

1 3시 10분 전

3시 10분 전 ⇨ 2시 50분

5 12시 5분 전

2 11시 5분 전

6 11시 15분 전

3 7시 5분 전

7 6시 10분 전

4 3시 15분 전

8 5시 15분 전

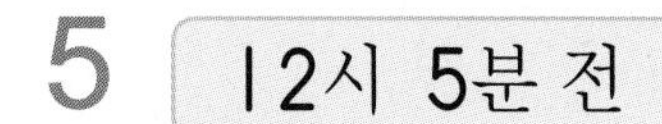

4 시각과 시간

9 1시간 알아보기 (1)

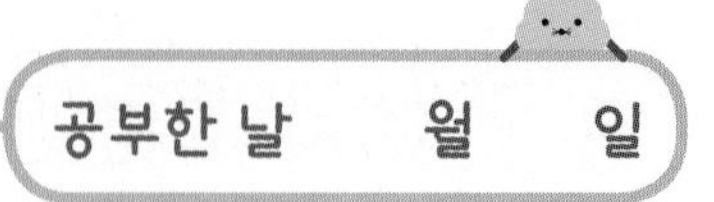

☐ 안에 알맞은 수를 써넣으시오.

1 1시간 15분=[75]분

1시간 15분=1시간+15분
=60분+15분=75분

8 1시간 20분=☐분

2 1시간 50분=☐분

9 2시간=☐분

3 1시간 35분=☐분

10 2시간 20분=☐분

4 2시간 5분=☐분

11 2시간 30분=☐분

5 2시간 10분=☐분

12 3시간=☐분

6 2시간 45분=☐분

13 3시간 15분=☐분

7 3시간 20분=☐분

14 3시간 50분=☐분

공부한 날 월 일

☀ □ 안에 알맞은 수를 써넣으시오.

1 85분=[1]시간 [25]분

85분=60분+25분
=1시간+25분
=1시간 25분

●분을 ■시간 ▲분으로 바꿀 때에는 ●분 안에 60분이 몇 번 있는지 먼저 확인해 봐.

2 70분=□시간 □분

3 90분=□시간 □분

4 105분=□시간 □분

5 120분=□시간

6 135분=□시간 □분

7 160분=□시간 □분

8 145분=□시간 □분

9 175분=□시간 □분

10 240분=□시간

11 190분=□시간 □분

12 210분=□시간 □분

13 225분=□시간 □분

14 250분=□시간 □분

11 걸린 시간 구하기

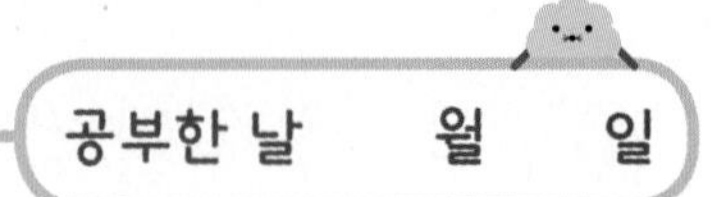

공부한 날 월 일

✸ 어떤 일을 시작한 시각과 끝낸 시각입니다. 이 일을 하는 데 걸린 시간을 구하시오.

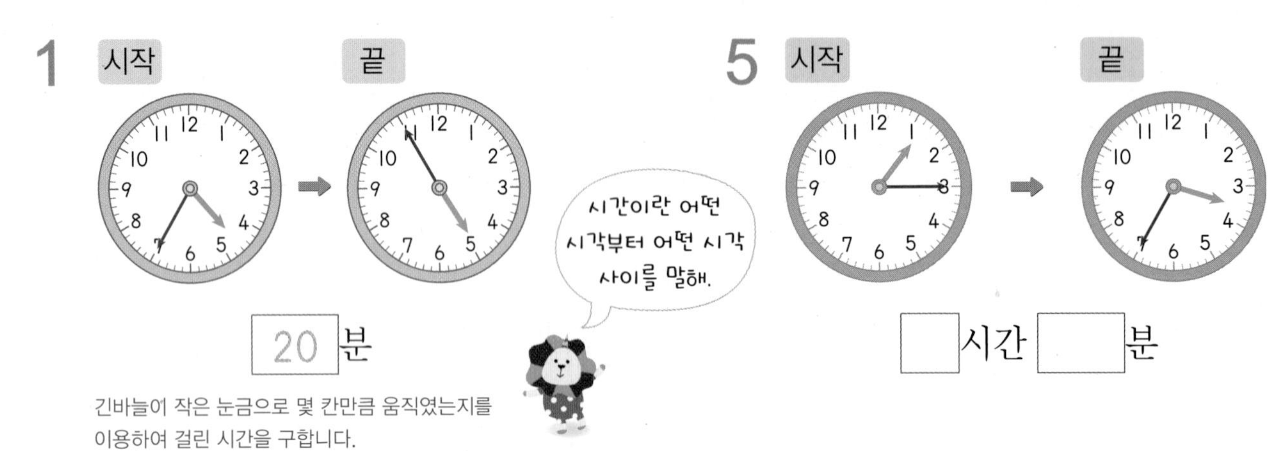

1 시작 → 끝

20 분

긴바늘이 작은 눈금으로 몇 칸만큼 움직였는지를 이용하여 걸린 시간을 구합니다.

5 시작 → 끝

□시간 □분

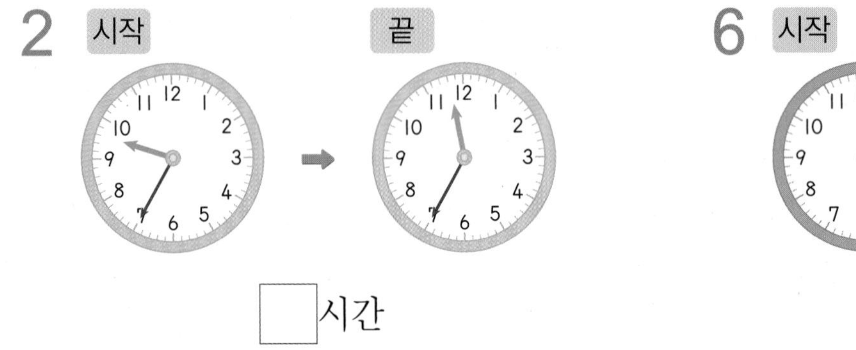

2 시작 → 끝

□시간

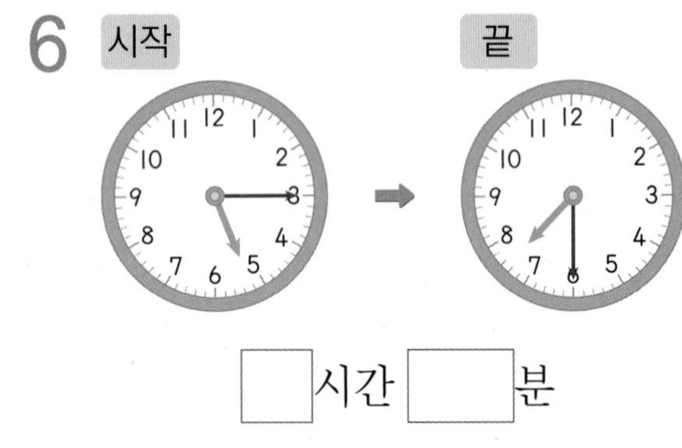

6 시작 → 끝

□시간 □분

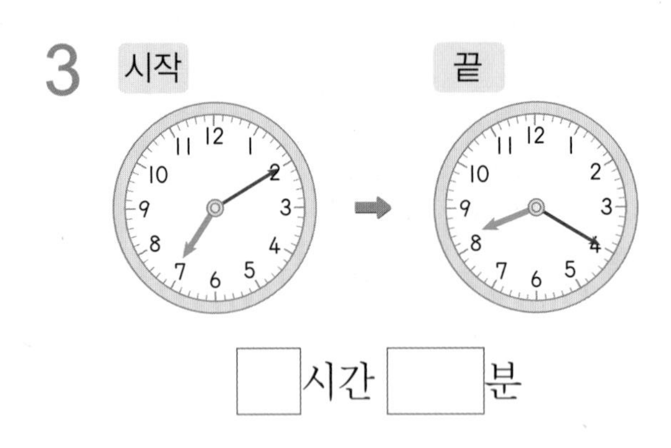

3 시작 → 끝

□시간 □분

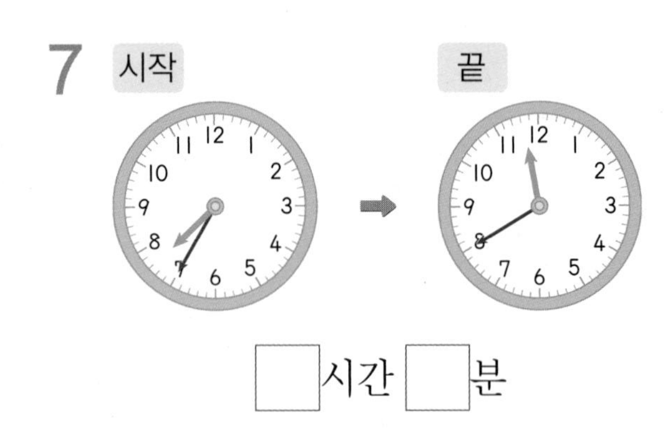

7 시작 → 끝

□시간 □분

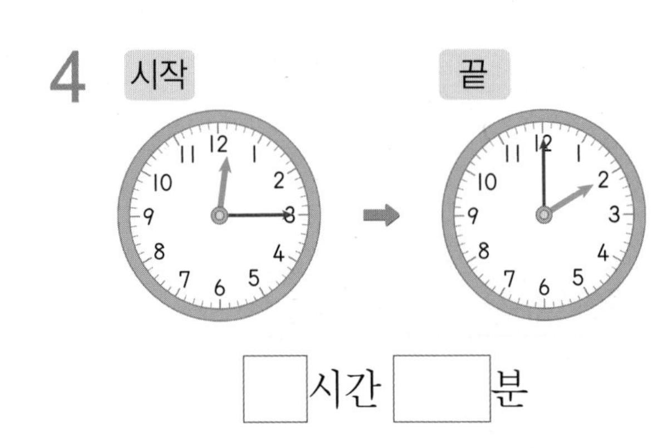

4 시작 → 끝

□시간 □분

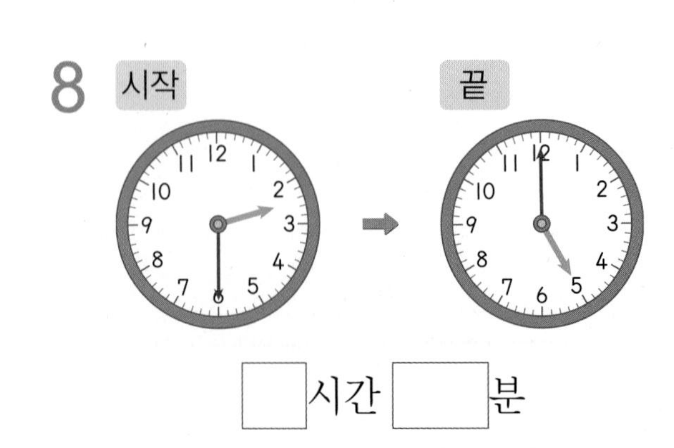

8 시작 → 끝

□시간 □분

12 하루의 시간 알아보기

공부한 날 월 일

☀ □ 안에 알맞은 수를 써넣으시오.

1 1일= 24 시간

하루는 24시간입니다.

2 1일 4시간=□시간

3 2일=□시간

4 2일 2시간=□시간

5 25시간=□일 □시간

6 30시간=□일 □시간

7 72시간=□일

8 27시간=□일 □시간

9 35시간=□일 □시간

10 54시간=□일 □시간

11 2일 7시간=□시간

12 1일 10시간=□시간

13 3일 5시간=□시간

14 52시간=□일 □시간

4 시각과 시간

13 오전, 오후 알아보기

공부한 날 월 일

✹ (   ) 안에 오전 또는 오후를 알맞게 써넣으시오.

1 아침 6시 ⇨ (오전)

아침 6시는 전날 밤 12시부터 낮 12시 사이의 시각입니다.

전날 밤 12시부터 낮 12시까지를 오전, 낮 12시부터 밤 12시까지를 오후라고 해.

2 저녁 9시 ⇨ (   )

3 새벽 4시 ⇨ (   )

4 낮 1시 ⇨ (   )

5 아침 8시 ⇨ (   )

6 새벽 3시 ⇨ (   )

7 저녁 7시 ⇨ (   )

8 낮 3시 ⇨ (   )

9 아침 9시 ⇨ (   )

10 낮 2시 ⇨ (   )

11 낮 4시 ⇨ (   )

12 저녁 8시 ⇨ (   )

13 새벽 2시 ⇨ (   )

14 새벽 5시 ⇨ (   )

☀ □ 안에 알맞은 수를 써넣으시오.

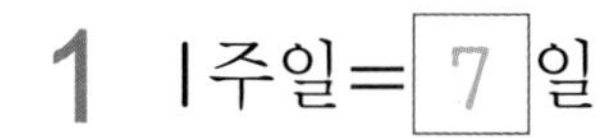

1 1주일=7일

2 2주일=□일

3 3주일=□일

4 4주일=□일

5 21일=□주일

6 35일=□주일

7 28일=□주일

8 1주일 4일=□일

9 2주일 5일=□일

10 3주일 2일=□일

11 4주일 4일=□일

12 10일=□주일 □일

13 15일=□주일 □일

14 36일=□주일 □일

15 개월 알아보기

공부한 날 월 일

☀ □ 안에 알맞은 수를 써넣으시오.

1 1년 7개월=19개월

2 1년 5개월=□개월

3 1년 10개월=□개월

4 2년=□개월

5 2년 4개월=□개월

6 3년 5개월=□개월

7 4년=□개월

8 15개월=□년 □개월

9 20개월=□년 □개월

10 30개월=□년 □개월

11 25개월=□년 □개월

12 33개월=□년 □개월

13 37개월=□년 □개월

14 50개월=□년 □개월

✱ 어느 해의 7월 달력을 보고 □ 안에 알맞게 써넣으시오.

7월

일	월	화	수	목	금	토
	1	2	3	4	5	6
7	8	9	10	11	12	13
14	15	16	17	18	19	20
21	22	23	24	25	26	27
28	29	30	31			

1 7월의 월요일인 날짜는 1일, [8]일, [15]일, [22]일, [29]일입니다.

2 7월의 토요일인 날짜는 6일, □일, □일, □일입니다.

3 7월 17일은 □요일입니다.

4 7월 25일은 □요일입니다.

5 7월 17일로부터 1주일 후는 □일이고 □요일입니다.

6 7월 2일로부터 2주일 후는 □일이고 □요일입니다.

단원평가 4. 시각과 시간

1 시각을 쓰시오.

- 짧은바늘은 시를, 긴바늘은 분을 나타냅니다.

(1) 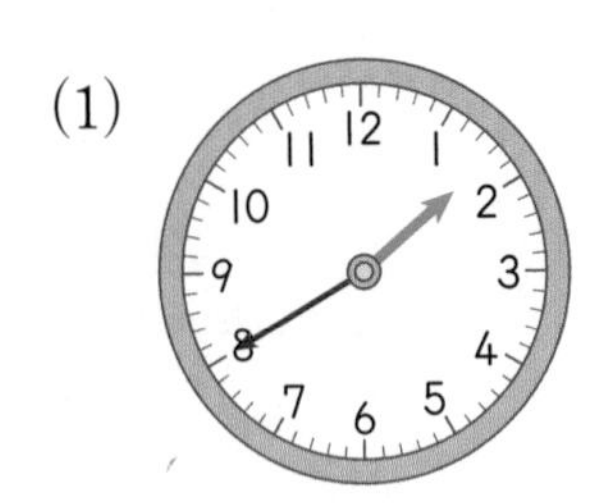

□시 □분

(2)

□시 □분

2 □ 안에 알맞은 수를 써넣으시오.

- 2시 50분은 3시가 되기 10분 전의 시각입니다.

(1) 2시 50분은 □시 □분 전입니다.

(2) 9시 15분 전은 8시 □분입니다.

3 시각에 맞게 긴바늘을 그려 넣으시오.

- 10시 5분 전의 시각을 먼저 알아봅니다.

10시 5분 전

4 □ 안에 알맞은 수를 써넣으시오.

(1) 1시간 25분=□분

(2) 160분=□시간 □분

5 □ 안에 알맞은 수를 써넣으시오.

- 1년은 12개월입니다.

(1) 1년 9개월=□개월

(2) 28개월=□년 □개월

6 다음이 나타내는 시각은 몇 시 몇 분입니까?

- 시계의 짧은바늘이 숫자 8과 9 사이를 가리킵니다.
- 시계의 긴바늘이 7을 가리킵니다.

( )

• 짧은바늘이 8과 9 사이를 가리키므로 아직 9시가 안 된 것입니다.

7 민수는 현장 체험 학습 날 현충사에 갔습니다. 현충사에서 2시간 15분 동안 있었다면 몇 분 동안 있었던 것입니까?

( )

8 수빈이가 책을 읽는 동안 시계의 긴바늘이 2바퀴 돌았습니다. 수빈이는 몇 시간 동안 책을 읽었는지 풀이 과정을 쓰고 답을 구하시오.

풀이 ______________________

____

답 ______________

• 시계의 긴바늘이 한 바퀴 도는 데 60분의 시간이 걸립니다.

9 오른쪽은 어느 해 12월의 달력입니다. 12월 25일 성탄절은 무슨 요일입니까?

12월

일	월	화	수	목	금	토
					1	2
3	4	5	6	7	8	9
10	11	12	13	14	15	16
17	18	19	20	21	22	23
24	25	26	27	28	29	30
31						

( )

• 날짜를 찾아 맨 위에 있는 요일을 읽어 봅니다.

QR 코드를 찍어 보세요.
문제 생성기 새로운 문제를 계속 풀 수 있어요.
학습 게임 재미있는 학습 게임을 할 수 있어요.

5 표와 그래프

QR 코드를 찍어 보세요.
재미있는 학습 게임을
할 수 있어요.

제5화 주인 없는 물건은 손대는 게 아니야!

받은 과일별 수

과일	배	사과	귤	합계
수(개)	4	3	2	9

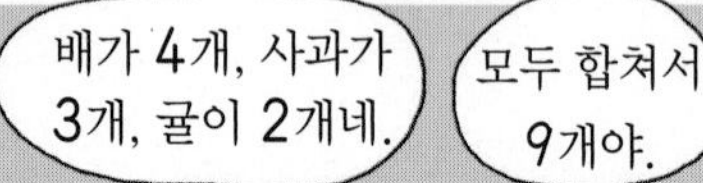

이미 배운 내용	이번에 배울 내용	앞으로 배울 내용
[2-1 분류하기] • 분류하기 • 기준에 따라 분류하기 • 분류하여 세어 보기 • 분류한 결과 말하기	• 자료를 보고 표로 나타내기 • 그래프로 나타내기 • 표와 그래프의 내용 알아보기 • 표와 그래프로 나타내기	**[3-2 자료의 정리]** • 자료를 정리하기 • 그림그래프 알아보고 그리기 • 달력에 나타난 규칙 찾기 • 규칙을 추측하고 확인하기

주운 과일별 수

과일	배	사과	감	귤	합계
수(개)	6	4	3	5	18

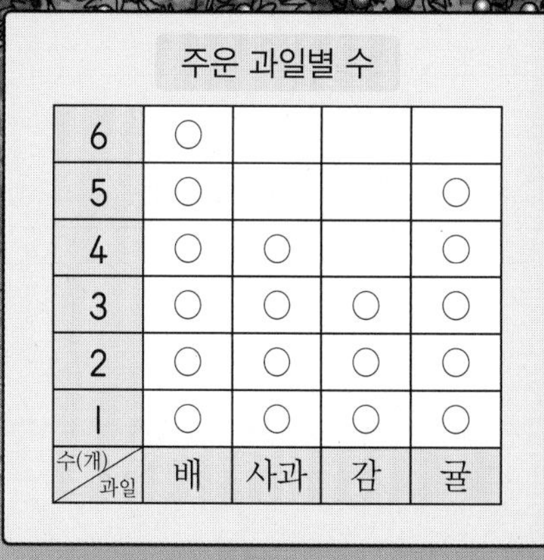

주운 과일별 수

6	○			
5	○			○
4	○	○		○
3	○	○	○	○
2	○	○	○	○
1	○	○	○	○
수(개) / 과일	배	사과	감	귤

배운 것 확인하기

1 분류하기

✹ 분류 기준을 찾아 ○표 하시오.

1

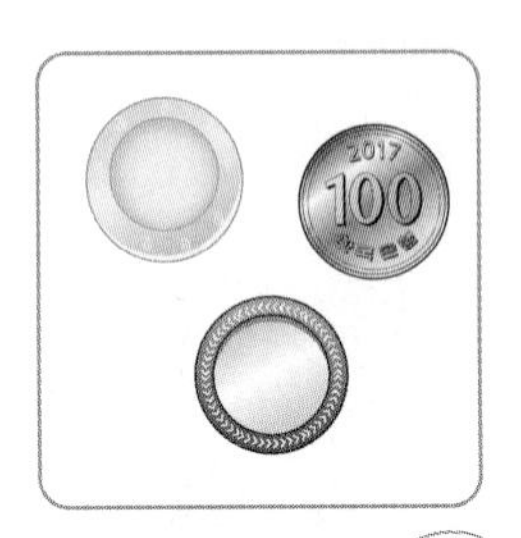

(모양 , 색깔)

분류 기준은 분명한 것이어야 해.

2

(모양 , 색깔)

3

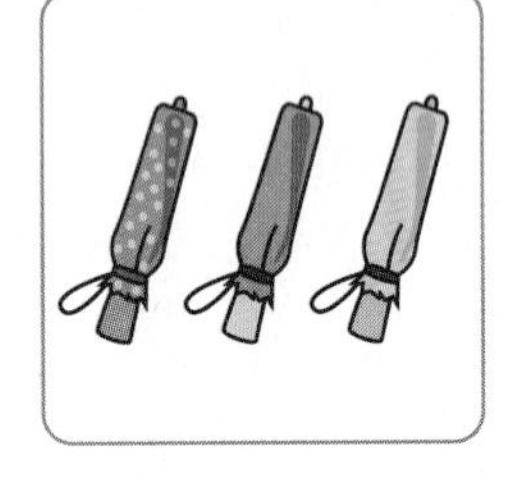

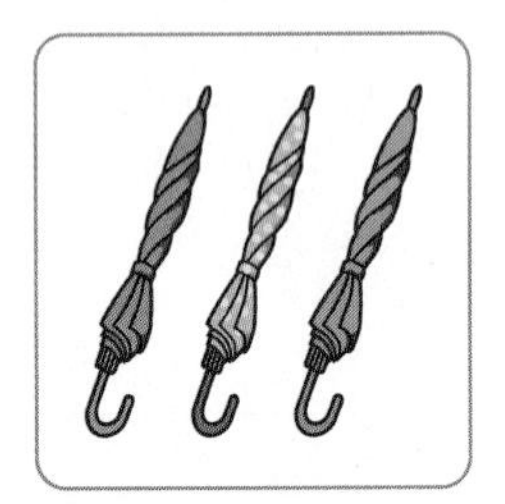

(크기 , 색깔)

4

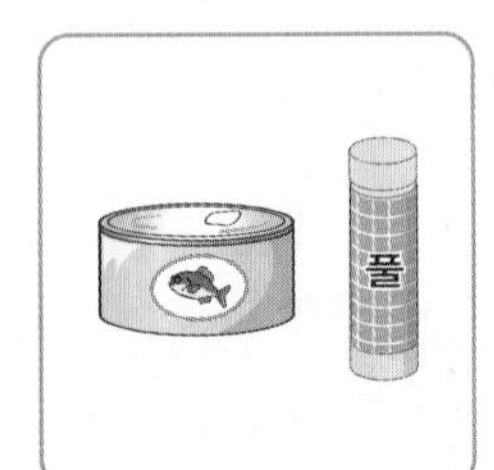

(크기 , 모양)

2 기준에 따라 분류하기

✹ 그림 카드를 보고 물음에 답하시오.

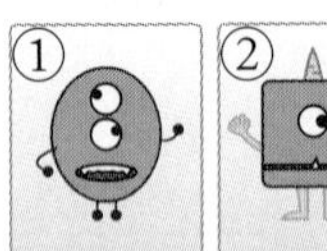

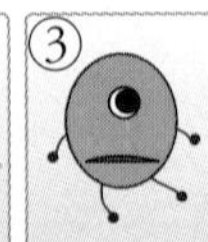

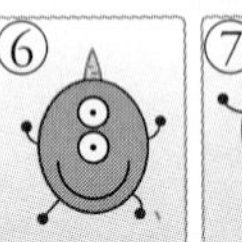

1 모양에 따라 분류하시오.

모양	●	■
번호	①, ③, ⑤, ⑥, ⑦, ⑩	②, ④, ⑧, ⑨

같은 자료라도 분류 기준에 따라 다르게 분류할 수 있어.

2 눈의 수에 따라 분류하시오.

눈의 수	1개	2개
번호		

3 뿔의 수에 따라 분류하시오.

뿔의 수	0개	1개
번호		

3 분류하여 세어 보기

✸ 정해진 기준에 따라 분류하고 그 수를 세어 보시오.

1

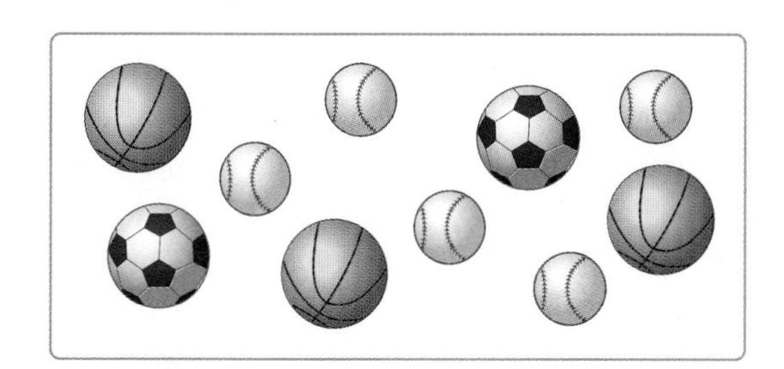

분류 기준	공의 종류

공의 종류	농구공	야구공	축구공
세면서 표시하기			
공의 수(개)	3	5	2

여러 번 세거나 빠뜨리는 것이 없도록 표시를 하면서 세어 봐.

2

분류 기준	모양

모양	★	●	♥
세면서 표시하기			
수(개)			

4 분류한 결과를 말해 보기

✸ 물건을 분류하여 그 수를 세어 보고 결과를 쓰시오.

1

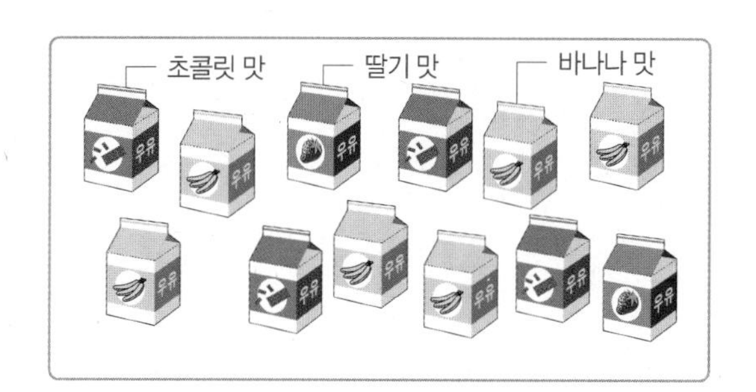

우유 맛	바나나 맛	초콜릿 맛	딸기 맛
세면서 표시하기			
우유의 수(개)	6	4	2

가장 많은 우유 맛은 [바나나 맛] 입니다.

분류한 결과를 보면 알 수 있어.

2

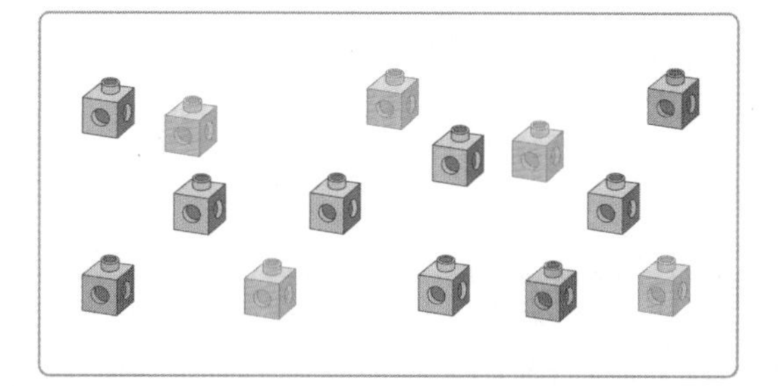

색깔	파란색	보라색	초록색
세면서 표시하기			
모형의 수(개)			

가장 적은 모형 색깔은 [ ] 입니다.

5 표와 그래프

1 자료를 보고 표로 나타내기

조사한 자료를 보고 표로 나타내시오.

1

지혜네 반 학생들이 기르는 동물

빠뜨리거나 겹치지 않게 표시를 하면서 수를 세어야 해.

지혜네 반 학생들이 기르는 동물별 학생 수

동물				합계
학생 수(명)				
	5	4	6	15

2

민영이네 반 학생들이 좋아하는 간식

이름	간식	이름	간식	이름	간식	이름	간식
민영	빵	지인	과자	지혜	라면	수나	김밥
민정	과자	진경	라면	혜진	김밥	유경	과자
상지	라면	지은	과자	기현	빵	정은	라면
호경	김밥	인주	라면	현주	과자	지선	김밥
경덕	라면	은희	빵	경륜	과자	은혜	과자

민영이네 반 학생들이 좋아하는 간식별 학생 수

간식	빵	과자	라면	김밥	합계
학생 수(명)					

3

인규네 반 학생들이 좋아하는 운동

이름	운동	이름	운동	이름	운동	이름	운동
인규	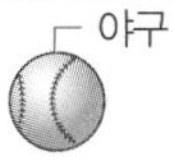 야구	양희	 축구	수연		명진	
희정	 농구	혜원		보라	 배구	유리	
민선		우림		민호		인재	
아람		영미		유진		새봄	

인규네 반 학생들이 좋아하는 운동별 학생 수

운동	야구	농구	축구	배구	합계
학생 수(명)					

4

소윤이네 반 학생들이 현장 체험 학습으로 가 보고 싶은 장소

이름	장소	이름	장소	이름	장소	이름	장소
소윤	과학관	영석	박물관	보람	과학관	한영	박물관
규원	영화관	재희	고궁	유리	과학관	우빈	고궁
정아	영화관	예림	과학관	종석	영화관	지호	과학관
서현	박물관	재우	고궁	수지	고궁	재혁	박물관
민주	과학관	근표	박물관	윤아	영화관	지후	고궁

소윤이네 반 학생들이 현장 체험 학습으로 가 보고 싶은 장소별 학생 수

장소	과학관	영화관	박물관	고궁	합계
학생 수(명)					

2 표를 보고 그래프로 나타내기

✸ 표를 보고 ○를 이용하여 그래프로 나타내시오.

1

가고 싶어 하는 나라별 학생 수

나라	미국	중국	일본	프랑스	호주	합계
학생 수(명)	4	3	4	4	5	20

가고 싶어 하는 나라별 학생 수

5					○
4	○		○	○	○
3	○	○	○	○	○
2	○	○	○	○	○
1	○	○	○	○	○
학생 수(명) / 나라	미국	중국	일본	프랑스	호주

2

좋아하는 운동별 학생 수

운동	축구	수영	야구	농구	배구	합계
학생 수(명)	4	5	3	2	4	18

좋아하는 운동별 학생 수

5					
4					
3					
2					
1					
학생 수(명) / 운동	축구	수영	야구	농구	배구

3

희철이네 반 학생들의 취미별 학생 수

취미	운동하기	책 읽기	음악 듣기	노래하기	게임하기	춤추기	합계
학생 수(명)	5	4	5	6	2	3	25

희철이네 반 학생들의 취미별 학생 수

춤추기						
게임하기						
노래하기						
음악 듣기						
책 읽기						
운동하기						
취미 / 학생 수(명)	1	2	3	4	5	6

4

도영이네 모둠 학생들이 한 달 동안 받은 칭찬 붙임딱지 수

이름	도영	한신	윤아	솔비	지혁	현주	합계
칭찬 붙임딱지 수(장)	5	2	3	4	6	3	23

도영이네 모둠 학생들이 한 달 동안 받은 칭찬 붙임딱지 수

현주						
지혁						
솔비						
윤아						
한신						
도영						
이름 / 칭찬 붙임딱지 수(장)	1	2	3	4	5	6

3 표의 내용 알아보기

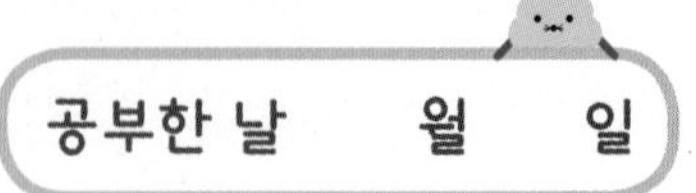

✹ 동건이네 반 학생들이 좋아하는 우유 맛을 조사하여 나타낸 표입니다. 물음에 답하시오.

동건이네 반 학생들이 좋아하는 우유 맛별 학생 수

우유 맛	바나나 맛	딸기 맛	초콜릿 맛	흰 우유	합계
학생 수(명)	6	8	5	4	23

표는 조사한 자료의 전체 수, 항목별 수를 알아보기 편리해.

1 동건이네 반 학생은 모두 몇 명입니까?

(23명)

2 바나나 맛 우유를 좋아하는 학생은 몇 명입니까?

( )

3 흰 우유를 좋아하는 학생은 몇 명입니까?

( )

4 가장 많은 학생들이 좋아하는 우유는 어떤 우유입니까?

( )

5 가장 적은 학생들이 좋아하는 우유는 어떤 우유입니까?

( )

6 바나나 맛 우유를 좋아하는 학생은 초콜릿 맛 우유를 좋아하는 학생보다 몇 명 더 많습니까?

( )

공부한 날 월 일

✱ 어느 해 12월의 날씨를 조사한 것입니다. 물음에 답하시오.

12월

일	월	화	수	목	금	토
				1 맑음	2 비	3 흐림
4 흐림	5 비	6 흐림	7 맑음	8 맑음	9 맑음	10 맑음
11 흐림	12 흐림	13 비	14 맑음	15 맑음	16 맑음	17 흐림
18 흐림	19 맑음	20 맑음	21 맑음	22 흐림	23 흐림	24 눈
25 눈	26 흐림	27 맑음	28 맑음	29 맑음	30 흐림	31 비

맑음 비 흐림 눈

중복되거나 빠뜨리지 않게 세고, 자료의 전체 수와 표의 합계가 같은지 꼭 확인해.

1 조사한 자료를 보고 표로 나타내시오.

12월의 날씨별 날수

날씨	맑음	비	흐림	눈	합계
날수(일)	14	4	11	2	31

2 흐린 날은 며칠입니까? ( )

3 이 달에는 어떤 날씨가 가장 많습니까? ( )

4 이 달에는 어떤 날씨가 가장 적습니까? ( )

5 맑은 날은 눈 온 날보다 며칠 더 많습니까? ( )

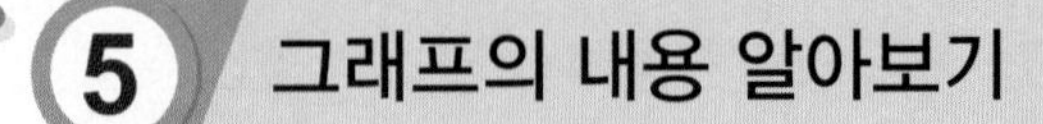

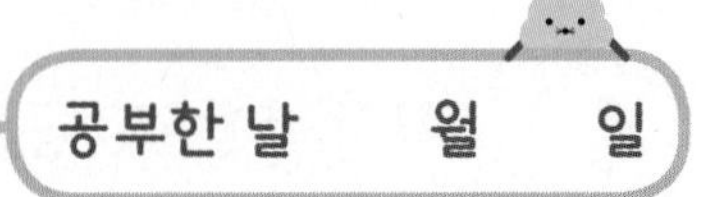

✸ 경미네 반 학생들이 태어난 요일을 조사하여 나타낸 그래프입니다. 물음에 답하시오.

경미네 반 학생들이 태어난 요일별 학생 수

6						×	
5		×				×	
4	×	×			×	×	
3	×	×	×		×	×	
2	×	×	×		×	×	×
1	×	×	×	×	×	×	×
학생 수(명) / 요일	월	화	수	목	금	토	일

1 그래프의 가로에는 무엇을 나타내었습니까?

(요일)

2 그래프의 세로에는 무엇을 나타내었습니까?

( )

3 가장 많은 학생들이 태어난 요일은 무슨 요일입니까?

( )

4 가장 적은 학생이 태어난 요일은 무슨 요일입니까?

( )

5 금요일에 태어난 학생은 목요일에 태어난 학생보다 몇 명 더 많습니까?

( )

6 표를 보고 그래프로 나타내어 내용 알아보기

공부한 날 월 일

예지네 반 학생들의 장래 희망을 조사하여 표로 나타내었습니다. 물음에 답하시오.

예지네 반 학생들의 장래 희망별 학생 수

장래 희망	선생님	과학자	방송인	의사	예술가	합계
학생 수(명)	5	2	4	3	1	15

1 표를 보고 /를 이용하여 그래프로 나타내시오.

예지네 반 학생들의 장래 희망별 학생 수

예술가	/				
의사	/	/	/		
방송인	/	/	/	/	
과학자	/	/			
선생님	/	/	/	/	/
장래 희망 / 학생 수(명)	1	2	3	4	5

2 예지네 반 학생들의 장래 희망은 몇 가지입니까?

( )

3 가장 많은 학생들의 장래 희망은 무엇입니까?

( )

4 가장 적은 학생의 장래 희망은 무엇입니까?

( )

5 장래 희망이 방송인인 학생은 과학자인 학생보다 몇 명 더 많습니까?

( )

7 자료를 보고 표와 그래프로 나타내기

✹ 조사한 자료를 보고 표와 그래프로 나타내시오.

1

좋아하는 과일

이름	과일	이름	과일	이름	과일
영희	감	가현	배	찬규	감
동화	감	민기	감	민서	귤
재희	귤	종원	귤	상미	귤
혜경	귤	현우	감	제욱	감
정은	감	재우	배	호수	배

좋아하는 과일별 학생 수

과일	감	귤	배	합계
학생 수(명)	7	5	3	15

표는 항목별 수와 자료의 전체 수를 알기 쉽고, 그래프는 가장 많은 것과 가장 적은 것을 한눈에 알아보기 편리해.

예

좋아하는 과일별 학생 수

8			
7	○		
6	○		
5	○	○	
4	○	○	
3	○	○	○
2	○	○	○
1	○	○	○
학생 수(명) / 과일	감	귤	배

2

좋아하는 색깔

이름	색깔	이름	색깔	이름	색깔
지원	빨강	동화	파랑	재희	노랑
호동	파랑	정은	노랑	가현	노랑
래희	노랑	성희	파랑	경아	노랑
수진	파랑	보라	빨강	선애	노랑
순경	노랑	미혜	노랑	태희	파랑

좋아하는 색깔별 학생 수

색깔	빨강	파랑	노랑	합계
학생 수(명)				

좋아하는 색깔별 학생 수

8			
7			
6			
5			
4			
3			
2			
1			
학생 수(명) / 색깔	빨강	파랑	노랑

3

생일에 받고 싶은 선물

이름	선물	이름	선물	이름	선물
은정	인형	은경	게임기	지은	옷
희윤	게임기	현경	옷	선희	게임기
인애	옷	은혜	인형	남주	게임기
문성	게임기	다혜	게임기	소영	옷
봉준	인형	무영	옷	선운	게임기

생일에 받고 싶은 선물별 학생 수

선물	인형	게임기	옷	합계
학생 수(명)				

생일에 받고 싶은 선물별 학생 수

8			
7			
6			
5			
4			
3			
2			
1			
학생 수(명) / 선물	인형	게임기	옷

4

휴일에 가고 싶은 장소

이름	장소	이름	장소	이름	장소
소영	산	정표	바다	명희	계곡
한진	산	보영	계곡	미연	바다
경숙	산	나영	산	순아	계곡
수지	산	윤정	바다	소현	산
정환	계곡	신아	산	유진	바다

휴일에 가고 싶은 장소별 학생 수

장소	산	바다	계곡	합계
학생 수(명)				

휴일에 가고 싶은 장소별 학생 수

8			
7			
6			
5			
4			
3			
2			
1			
학생 수(명) / 장소	산	바다	계곡

단원평가

5. 표와 그래프

[1~8] 세진이네 반 학생들이 가고 싶어 하는 체험 학습 장소를 조사한 것입니다. 물음에 답하시오.

세진	정미	현종	민주	경환	해솔	제웅
박물관	놀이공원	농장	동물원	고궁	박물관	농장
은실	**한돌**	**유의**	**종규**	**영욱**	**선진**	**경아**
농장	놀이공원	동물원	농장	놀이공원	고궁	박물관
동열	**예슬**	**광혜**	**미연**	**진희**	**영호**	**송미**
놀이공원	동물원	놀이공원	놀이공원	고궁	농장	동물원

1 고궁을 가고 싶어 하는 학생을 모두 찾아 이름을 쓰시오.

( )

• 고궁으로 대답한 학생의 이름을 조사한 것에서 찾습니다.

2 표로 나타내시오.

가고 싶어 하는 체험 학습 장소별 학생 수

장소	박물관	놀이공원	농장	동물원	고궁	합계
학생 수(명)						

빠뜨리거나 중복되지 않게 세고, 자료의 수와 합계가 같은지 확인해.

3 세진이네 반 학생들이 가고 싶어 하는 체험 학습 장소는 모두 몇 가지입니까?

( )

4 박물관에 가고 싶어 하는 학생은 몇 명입니까?

( )

• 표를 보면 장소별 가고 싶어 하는 학생 수를 한눈에 알 수 있습니다.

5 세진이네 반 학생은 모두 몇 명입니까?

( )

• 조사한 자료의 수를 세어도 되고 표에서 합계 부분을 이용해도 됩니다.

6 앞의 표를 보고 그래프로 나타내시오.

가고 싶어 하는 체험 학습 장소별 학생 수

6					
5					
4					
3	○				
2	○				
1	○				
학생 수(명) / 장소	박물관	놀이공원	농장	동물원	고궁

• 학생 수만큼 ○를 이용하여 나타냅니다.

7 가장 많은 학생들이 가고 싶어 하는 장소는 어디입니까?

( )

○가 많을수록 가고 싶어 하는 학생이 많은 거야.

8 농장을 가고 싶어 하는 학생은 박물관을 가고 싶어 하는 학생보다 몇 명 더 많은지 풀이 과정을 쓰고 답을 구하시오.

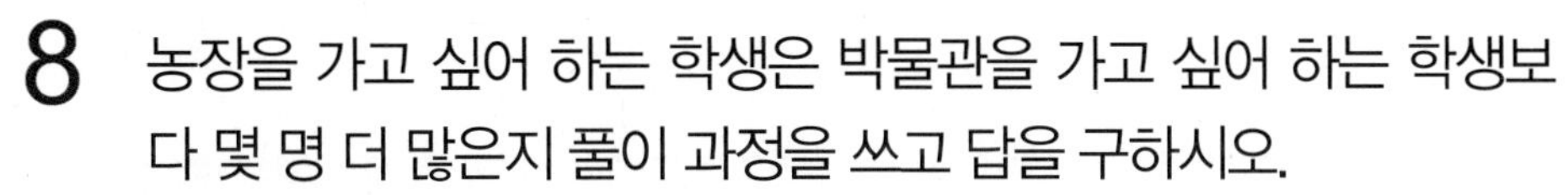

풀이 ______________________

____

답 ______________

QR 코드를 찍어 보세요.
문제 생성기 새로운 문제를 계속 풀 수 있어요.
학습 게임 재미있는 학습 게임을 할 수 있어요.

5 표와 그래프

6 규칙 찾기

QR 코드를 찍어 보세요.
재미있는 학습 게임을 할 수 있어요.

제6화 수학 실력과 게임 실력이 좋아진 현수!

이미 배운 내용	이번에 배울 내용	앞으로 배울 내용
[1-2 시계 보기와 규칙 찾기] • 시계에서 규칙 찾기 • 규칙에 따라 무늬 꾸미기 • 수 배열표에서 규칙 찾기	• 무늬에서 규칙 찾기 • 쌓은 모양에서 규칙 찾기 • 덧셈표에서 규칙 찾기 • 곱셈표에서 규칙 찾기 • 생활에서 규칙 찾기	**[4-1 규칙 찾기]** • 변화 규칙 찾기 • 규칙을 수로 나타내기 • 규칙을 식으로 나타내기

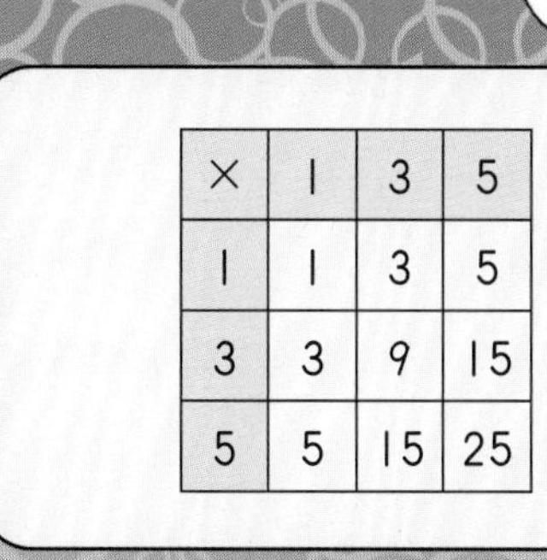

×	1	3	5
1	1	3	5
3	3	9	15
5	5	15	25

배운 것 확인하기

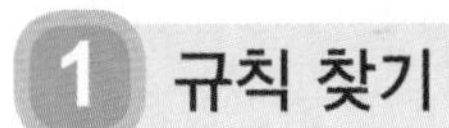

1 규칙 찾기

✱ 보기 와 같이 되풀이되는 부분마다 / 를 그어 보시오.

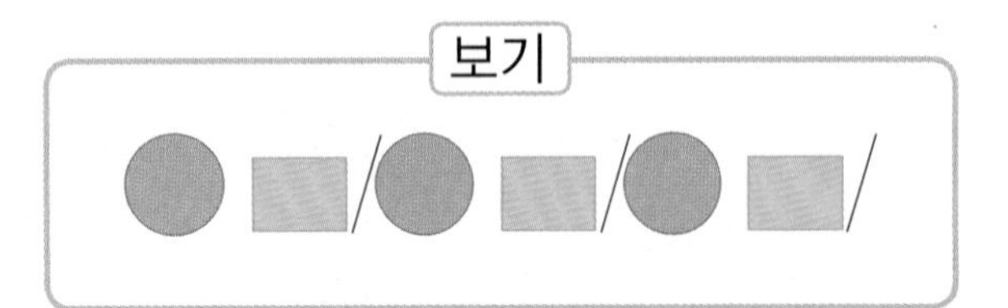

되풀이되는 부분을 찾아.

1

지우개와 연필이 되풀이되고 있습니다.

2 

3 

4 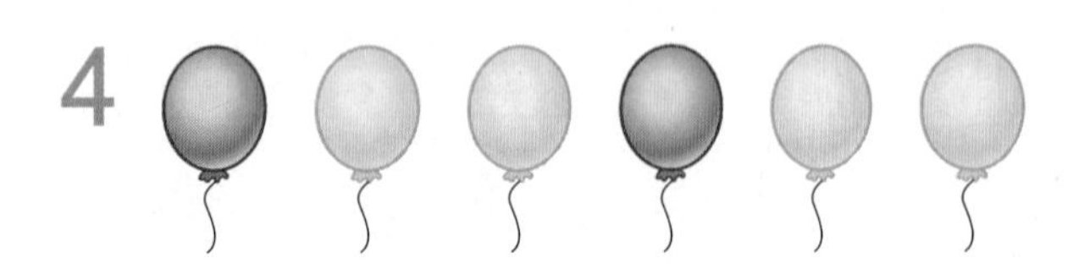

5 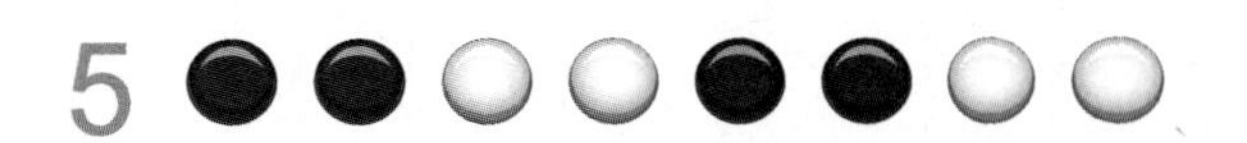

2 규칙을 말해 보기

✱ 규칙이 무엇인지 써 보시오.

1 

[티셔츠] 와 [바지] 가 되풀이되는 규칙입니다.

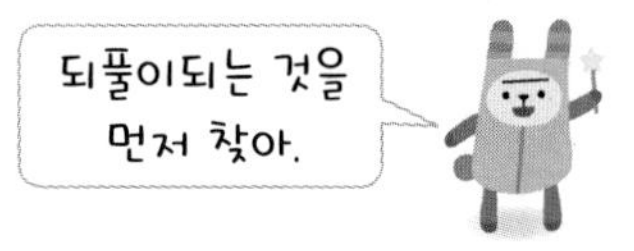

2 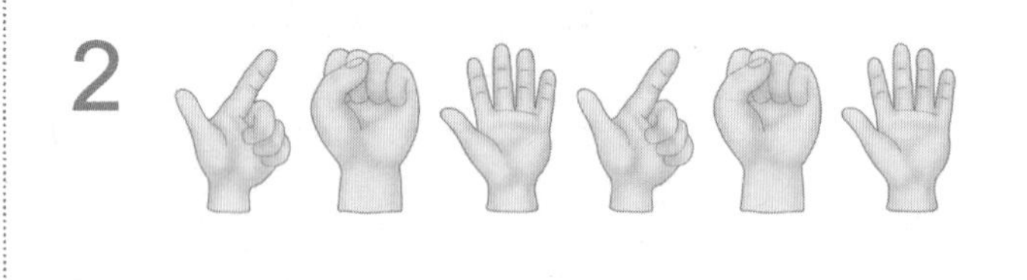

____

____

3 

____

____

4

____

____

공부한 날 월 일

규칙을 찾아 빈 곳을 알맞게 채우시오.

1

★	■	●	★	■	●	★
■	●	★	■	●	★	■
●	★	■	●	★	■	●

★, ■, ●가 반복되는 규칙입니다.

2

▲	▲	▲	▲	▲	▲	▲
▲	▲	▲	▲	▲		
▲	▲	▲	▲	▲		

3

A	A	ㄱ	ㄴ	A	A	ㄱ
ㄴ	A	A	ㄱ	ㄴ	A	A
ㄱ	ㄴ			ㄱ		A

4

가	나	다	1	2	3	가	나
다	1	2	3	가		다	1
		가		다		2	3

6 규칙 찾기

3 무늬에서 규칙 찾기 (2)

공부한 날 월 일

✹ 규칙을 찾아 빈 곳을 알맞게 색칠하시오.

도형의 색깔이나
모양의 규칙을
먼저 찾아야 해.

1
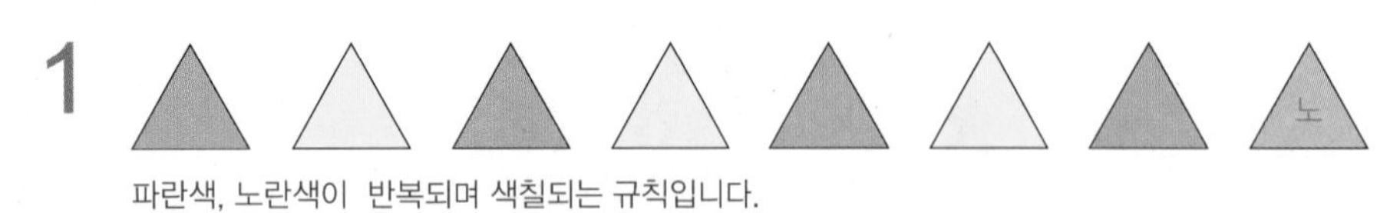

파란색, 노란색이 반복되며 색칠되는 규칙입니다.

2
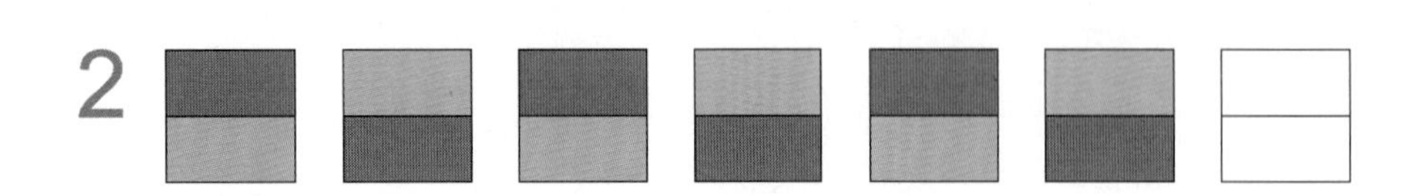

3
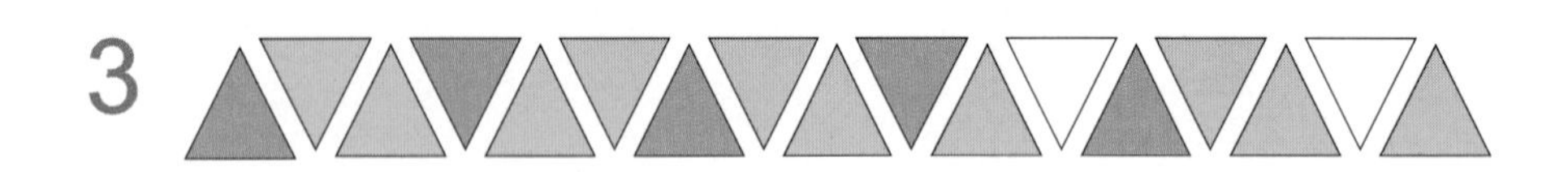

4
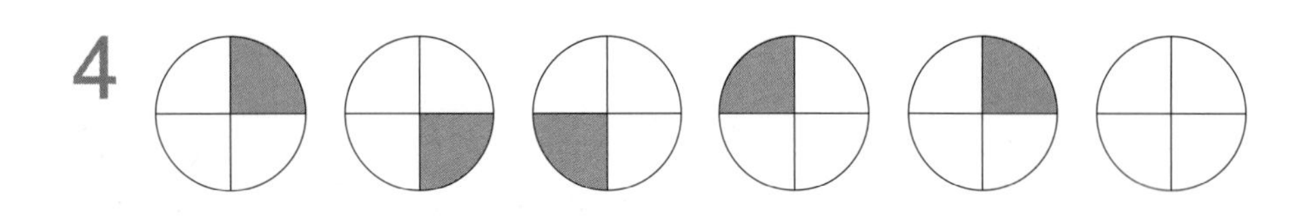

5
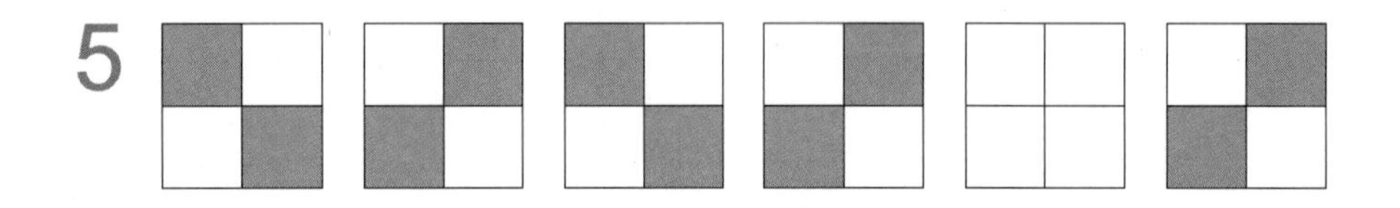

✹ 규칙을 찾아 빈 곳에 알맞은 것에 ○표 하시오.

6 7

( ) ( ) ( ) ( )

4 규칙이 있는 무늬 만들기

공부한 날 월 일

✹ 규칙을 찾아 빈 곳에 알맞은 모양을 그리시오.

1 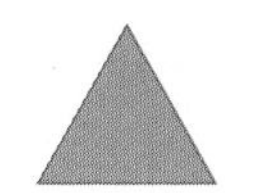   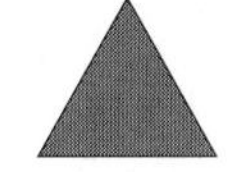   

모양은 △, ○, □가 반복되고, 색깔은 파란색, 빨간색이 반복되는 규칙입니다.

모양의 규칙과
색깔의 규칙이 각각
있는 경우가 있으니
주의해.

2  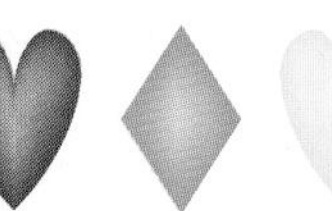  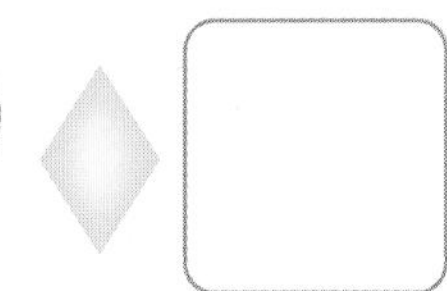

✹ 규칙을 찾아 도형 안에 ●를 알맞게 그리시오.

3 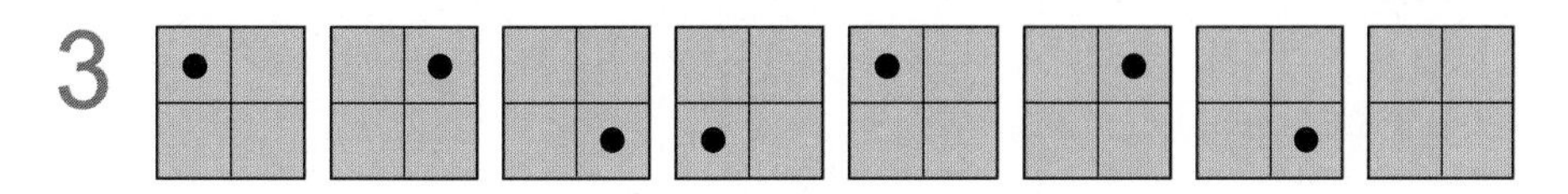

4 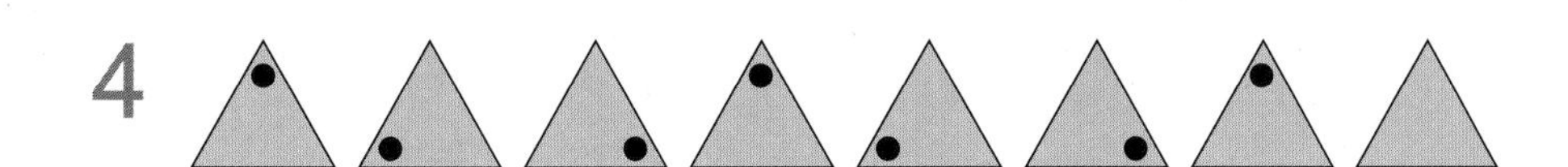

✹ 규칙을 찾아 빈 곳에 알맞게 그리시오.

5 

6 

공부한 날 월 일

✹ 빈 곳에 알맞은 모양에 ○표 하고 쌓은 규칙을 쓰시오.

1

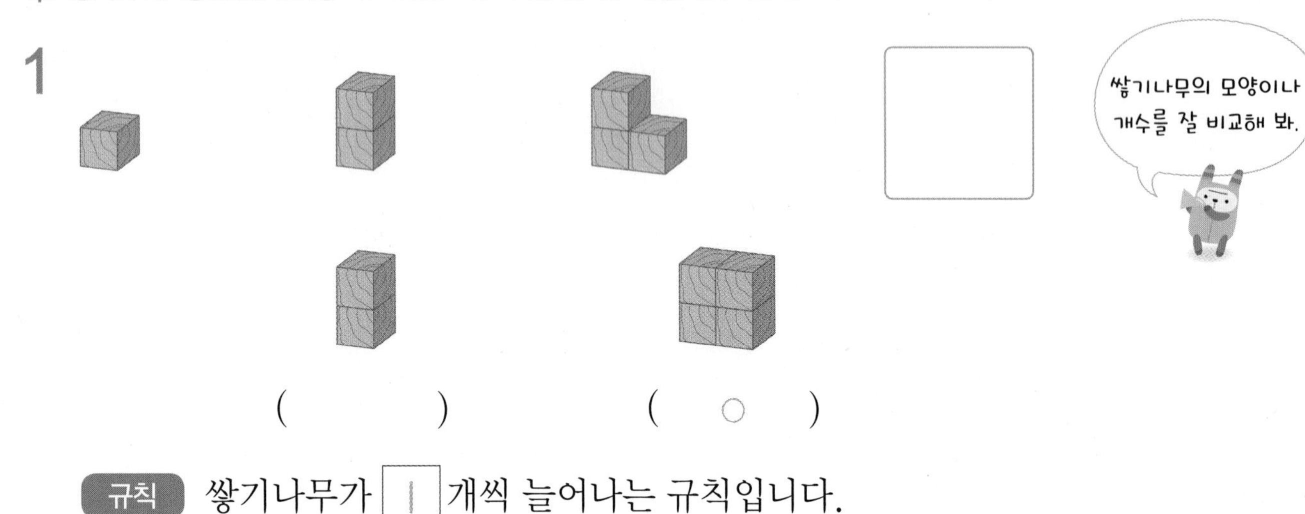

( ) (○)

규칙 쌓기나무가 [1] 개씩 늘어나는 규칙입니다.

쌓기나무를 1개, 2개, 3개 사용하였으므로 다음에 올 모양은 쌓기나무 4개를 사용한 것입니다.

2

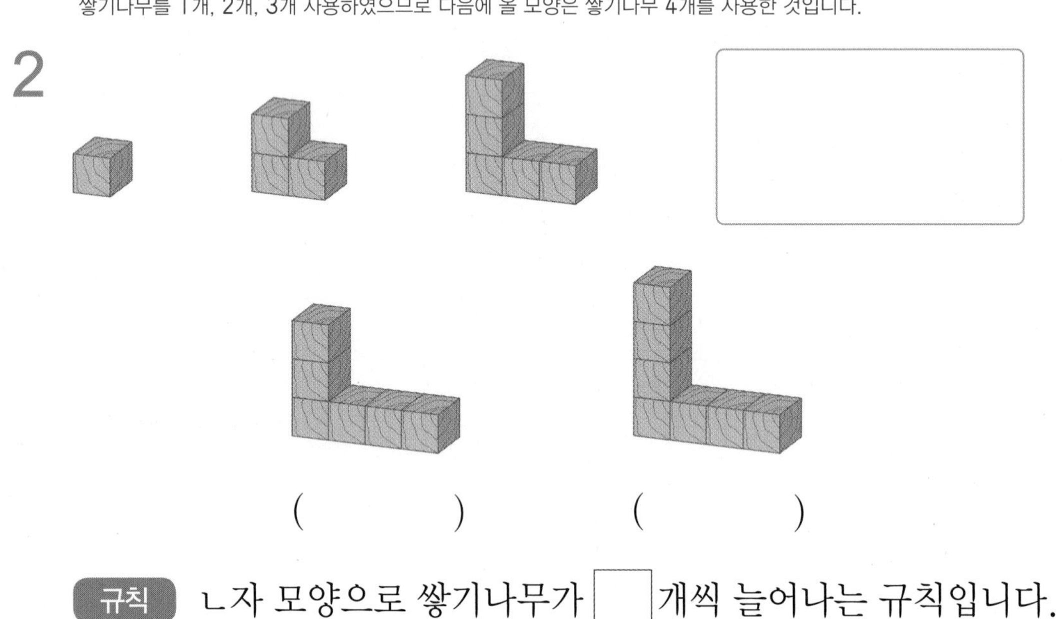

( ) ( )

규칙 ㄴ자 모양으로 쌓기나무가 [ ] 개씩 늘어나는 규칙입니다.

3

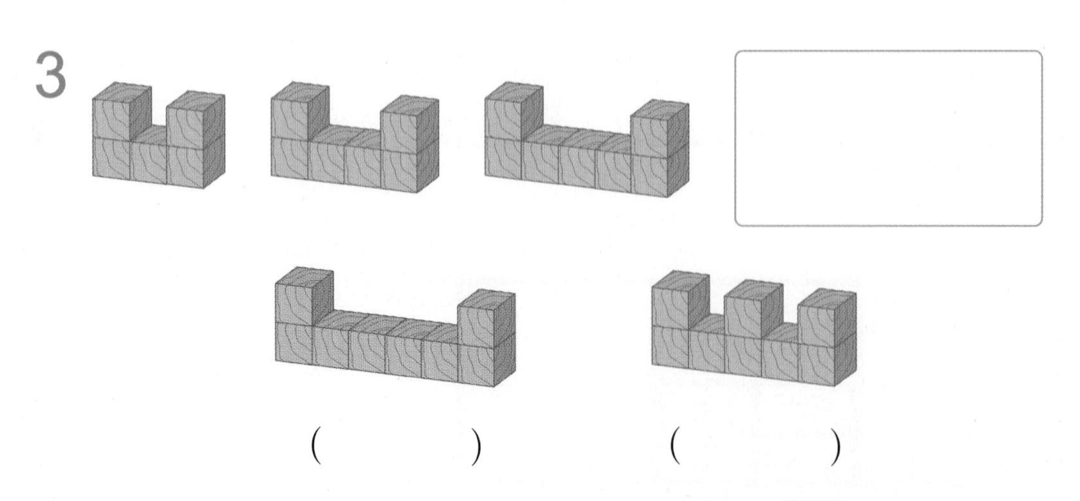

( ) ( )

규칙 쌓기나무가 양끝은 2층이고 가운데가 [ ] 개씩 늘어나는 규칙입니다.

6 쌓기나무 수 구하기

공부한 날 월 일

✱ 다음은 어떤 규칙으로 쌓기나무를 쌓은 것입니다. 물음에 답하시오.

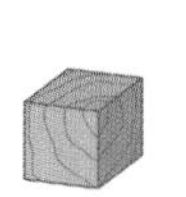
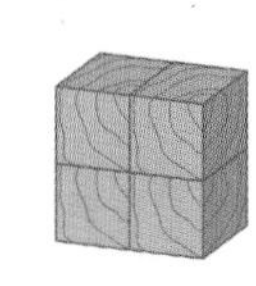
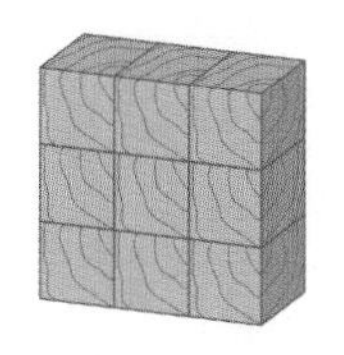

1 쌓기나무를 2층으로 쌓은 모양에서 쌓기나무는 몇 개입니까?

쌓기나무를 2층으로 쌓은 모양은 두 번째 모양이므로
1층에 2개, 2층에 2개이므로 사용한 쌓기나무는 4개입니다.

(4개)

2 쌓기나무를 3층으로 쌓은 모양에서 쌓기나무는 몇 개입니까?

( )

3 같은 규칙으로 쌓기나무를 4층으로 쌓으려고 합니다. 필요한 쌓기나무는 몇 개입니까?

( )

✱ 다음은 어떤 규칙으로 쌓기나무를 쌓은 것입니다. 쌓기나무를 4층으로 쌓으려고 할 때 필요한 쌓기나무는 몇 개인지 구하시오.

4

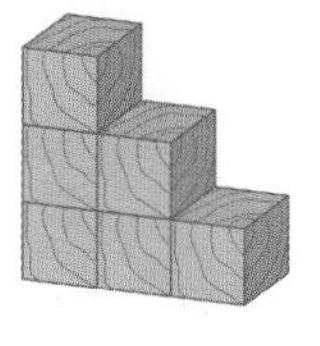

( )

5

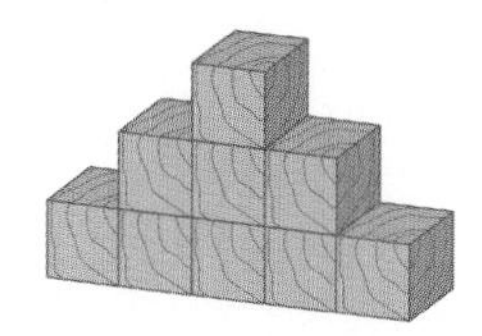

( )

6 규칙 찾기

7 덧셈표에서 규칙 찾기

✻ 덧셈표를 보고 물음에 답하시오.

+	0	1	2	3	4	5	6
0	0	1	2	3	4	5	6
1	1	2	3	4	5	6	7
2	2	3	4	5	6	7	8
3	3	4	5	6	7	8	9
4	4	5		7	8	9	10
5		6			9	10	
6		7		9	10	11	

1 빈칸에 알맞은 수를 써넣으시오.

2 빨간색으로 칠해진 수의 규칙을 써 보시오.

규칙 오른쪽으로 갈수록 □씩 커지는 규칙이 있습니다.

3 초록색으로 칠해진 수의 규칙을 써 보시오.

규칙 아래쪽으로 내려갈수록 □씩 커지는 규칙이 있습니다.

4 파란색 점선에 놓인 수의 규칙을 써 보시오.

규칙 ↘ 방향으로 갈수록 □씩 커지는 규칙이 있습니다.

✹ 빈칸에 알맞은 수를 써넣으시오.

5

+	1	3	5	7
1	2	4	6	8
3	4	6	8	10
5	6	8	10	
7	8	10		

7

+	5	6	7	8
5	10	11	12	
6		12	13	14
7		13		15
8	13	14		16

6

+	2	3	4	5
2	4	5	6	7
3	5	6	7	8
4	6	7		
5	7	8		

8

+	2	4	6	8
2	4			10
4	6	8	10	
6	8		12	
8	10	12	14	16

✹ 덧셈표를 만들고 규칙을 찾아 써 보시오.

9

+	1	2	3	
5	6	7		9
6		8	9	10
7	8		10	11
8	9	10		12

규칙 ______________________

10

+	3	5	7	9
4	7		11	13
6	9	11		15
8	11		15	
	13	15	17	19

규칙 ______________________

8 곱셈표에서 규칙 찾기

✹ 곱셈표를 보고 물음에 답하시오.

×	1	2	3	4	5	6	7
1	1	2	3	4	5	6	7
2	2	4	6	8	10	12	14
3	3	6	9	12	15	18	21
4	4	8	12	16		24	28
5	5	10	15	20	25	30	35
6	6	12	18			36	42
7	7		21	28	35	42	49

1 빈칸에 알맞은 수를 써넣으시오.

2 초록색으로 칠해진 곳과 규칙이 같은 곳을 찾아 색칠하시오.

3 빨간색으로 칠해진 수의 규칙을 써 보시오.

규칙 오른쪽으로 갈수록 □씩 커지는 규칙이 있습니다.

4 곱셈표를 파란색 점선을 따라 접었을 때 만나는 수는 서로 어떤 관계인지 써 보시오.

규칙 접었을 때 만나는 수들은 서로 □.

✺ 빈칸에 알맞은 수를 써넣으시오.

5

×	2	4	6	8
2	4	8	12	
4		16		32
6	12		36	48
8	16	32	48	

7

×	6	7	8	9
1	6		8	9
2	12	14		18
3	18	21		27
	24	28	32	36

6

×	3	5	7	9
5	15		35	45
6		30	42	54
7	21	35		
9	27		63	81

8

×	1	2	5	8
3	3	6		24
	5	10	25	40
7			35	56
8	8		40	64

✺ 곱셈표를 만들고 규칙을 찾아 써 보시오.

9

×	2	4	6	8
2	4		12	16
4	8	16		32
6	12	24	36	
8		32		64

규칙 ______________________

10

×	1	3	5	7
1	1	3	5	7
3	3	9	15	
5	5	15	25	
7	7			

규칙 ______________________

6 규칙 찾기

9 생활에서 규칙 찾기

✹ 어느 해의 11월 달력입니다. □ 안에 알맞게 써넣으시오.

11월

일	월	화	수	목	금	토
			1	2	3	4
5	6	7	8	9	10	11
12	13	14	15	16	17	18
19	20	21	22	23	24	25
26	27	28	29	30		

1 수요일에 있는 수는 1일, 8일, [15]일, [22]일, [29]일입니다.

2 수요일에 있는 수의 규칙은 □씩 커지는 규칙입니다.

3 달력에서 가로로 □씩 커지는 규칙입니다.

✹ 다음은 공항 버스 출발 시각을 나타낸 표입니다. 표에서 찾을 수 있는 규칙을 찾아 쓰시오.

버스 출발 시각

인천공항행				김포공항행			
5시	5시 30분	6시	6시 30분	5시	6시	7시	8시
7시	7시 30분	8시	8시 30분	9시	10시	11시	12시

4 인천공항행 버스는 [30]분마다 출발하는 규칙이 있습니다.

5 김포공항행 버스는 □시간마다 출발하는 규칙이 있습니다.

6 두 버스는 □시간마다 동시에 출발하는 규칙이 있습니다.

공부한 날 월 일

✹ 규칙을 찾아 마지막 시계에 긴바늘을 그려 넣으시오.

7

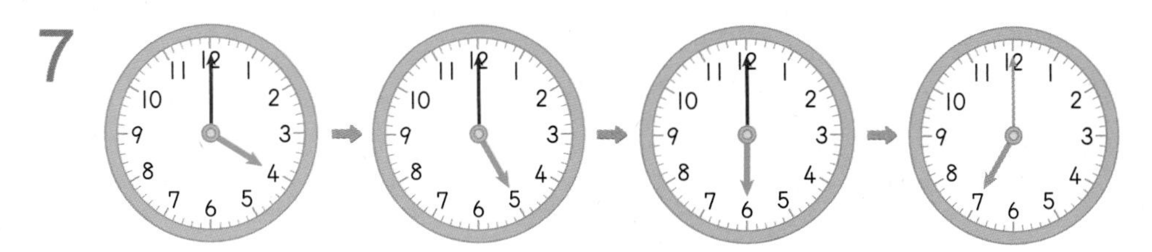

8

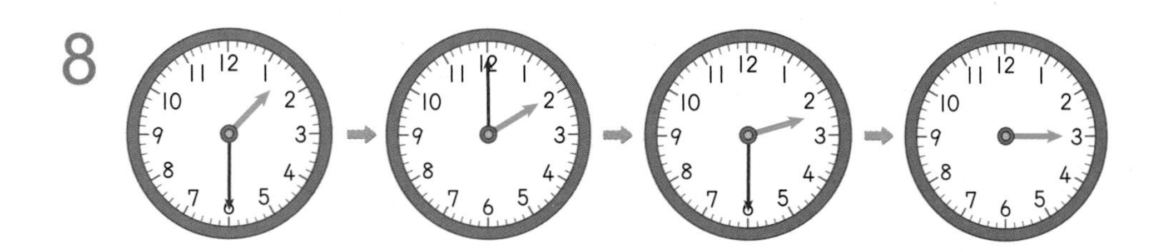

9 전자계산기의 수 배열에는 어떤 규칙이 있는지 쓰시오.

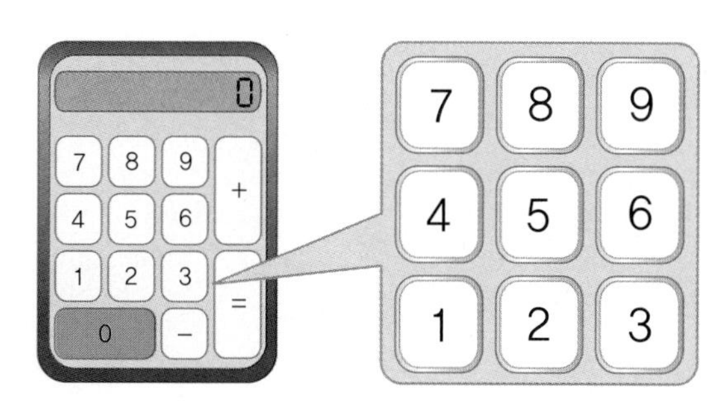

규칙 ______________________________

10 영수는 어린이 뮤지컬을 보러 갔습니다. 영수의 자리는 라열 일곱째 자리입니다. 영수의 의자의 번호는 몇 번입니까?

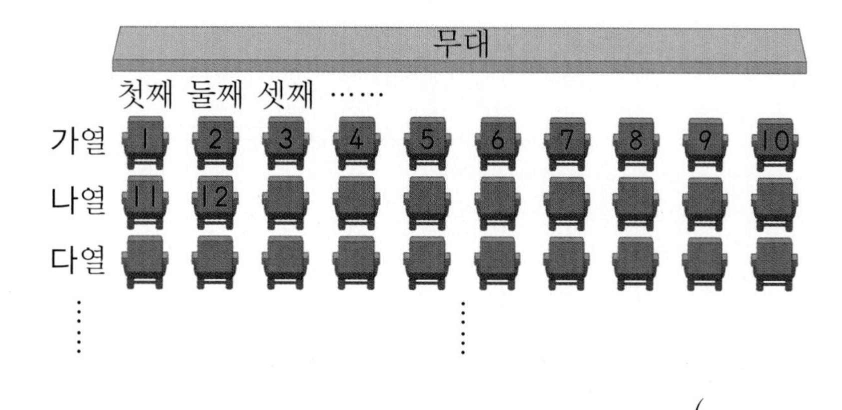

(   )

1 빈칸에 알맞은 과일의 이름을 쓰시오.

( )

2 규칙을 찾아 빈 곳에 알맞게 색칠하시오.

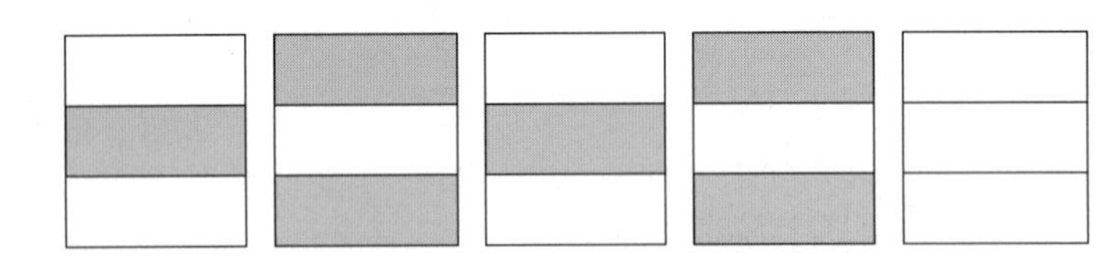

• 색칠하는 곳이 바뀌는 규칙을 찾습니다.

3 오른쪽은 어떤 규칙으로 상자를 쌓은 것입니다. 상자를 4층으로 쌓으려고 할 때 필요한 상자는 몇 개인지 구하시오.

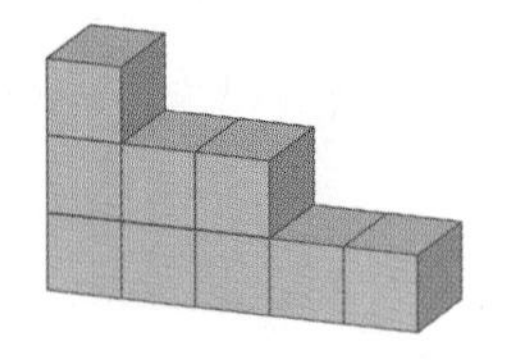

( )

• 맨 위층부터 상자가 1개, 3개, 5개……입니다.

4 덧셈표에서 규칙을 찾아 빈칸에 알맞은 수를 써넣으시오.

+	1	2	3	4	5
1	2	3	4	5	6
2	3	4	5	6	7
3	4	5	6	7	
4	5	6	7		
5	6	7			

• 더해야 하는 두 수를 먼저 찾습니다.

5 곱셈표에서 규칙을 찾아 빈칸에 알맞은 수를 써넣으시오.

×	2	4	6	8
2	4	8	12	
4		16		32
6	12		36	48
8	16	32	48	

• 곱해야 하는 두 수를 먼저 찾습니다.

6 규칙을 찾아 마지막 시계에 긴바늘을 그려 넣으시오.

• 긴바늘이 움직이는 규칙을 찾습니다.

[7~9] 달력의 일부분이 찢어져 있습니다. 달력을 보고 물음에 답하시오.

일	월	화	수	목	금	토
			1	2	3	4
5	6	7	8	9	10	11
12	13	14	15	16	17	

7 일요일은 며칠마다 반복됩니까? (　　　　　　　　　　)

8 빨간색 선에 놓인 수의 규칙을 찾아 써 보시오.

규칙 ________________________

• 주어진 숫자를 보고 규칙을 여러 가지로 말할 수 있습니다.

9 넷째 주 토요일은 며칠입니까? (　　　　　　　　　　)

• 11일은 둘째 주 토요일입니다.

6 규칙 찾기

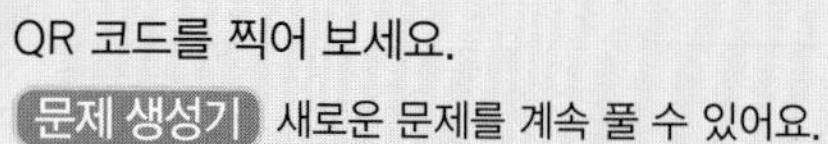
QR 코드를 찍어 보세요.
문제 생성기 새로운 문제를 계속 풀 수 있어요.
학습 게임 재미있는 학습 게임을 할 수 있어요.

조건에 맞게 색칠하기

다음 조건에 맞게 도형의 빈 곳을 색칠하시오.

- 빨간색, 파란색, 노란색의 3가지 색을 사용합니다.
- 이웃해 있는 도형은 서로 다른 색깔입니다.
- 각 색깔은 같은 횟수만큼 사용합니다.

1

2

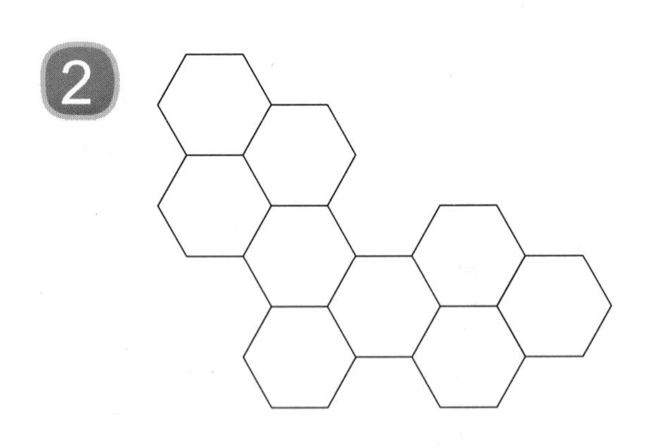

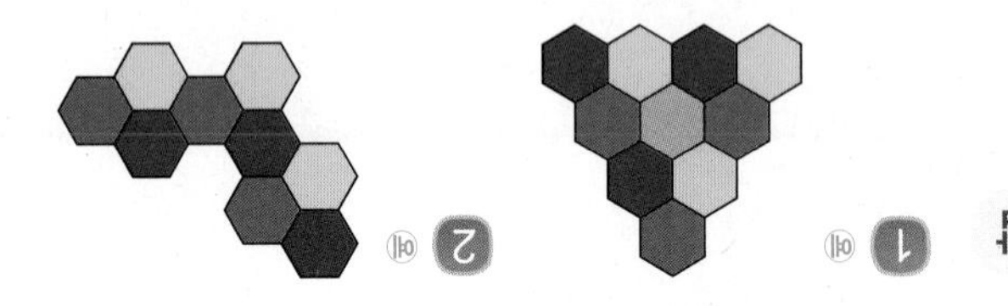

정답 1 예 2 예

정답지

4단계

천재교육

1 네 자리 수

6~7쪽

1. 100 2. 100
3. 100 4. 200
5. 500 6. 4
7. 9

---

1. 295 2. 736
3. 904 4. 521
5. 890

---

1. 500, 30, 5 2. 9
3. 10, 6 4. 40, 8
5. 20, 0 6. 100, 90, 4
7. 800, 0, 2

---

1. < 2. >
3. < 4. <
5. > 6. <
7. <

8쪽

1. 1000 2. 1000
3. 1000 4. 1000
5. 1000 6. 1000
7. 1000 8. 10
9. 100 10. 10
11. 1 12. 200
13. 300 14. 400

9쪽

1. 2000, 이천 2. 3000, 삼천
3. 5000, 오천 4. 8000, 팔천
5. 4000, 사천 6. 6000, 육천
7. 7000, 칠천 8. 9000, 구천

10쪽

1. 4000, 사천 2. 3000, 삼천
3. 5000, 오천 4. 9000, 구천
5. 2, 2000 6. 7, 7000
7. 8, 팔천 8. 6, 육천

11쪽

1. 천삼백사십팔
2. 칠천오백이십육
3. 오천백구십구
4. 사천이백칠십팔
5. 칠천육백이십구
6. 천삼백사
7. 삼천오십이
8. 이천구백오십팔
9. 사천삼백삼십칠
10. 삼천육백오십
11. 이천사십칠
12. 천구백육십오
13. 오천이백삼십육
14. 팔천칠

12쪽

1. 3645 2. 5489
3. 7623 4. 2532
5. 4908 6. 1376
7. 6720 8. 8273
9. 7586 10. 1062
11. 6349 12. 4006
13. 5703 14. 2935

13쪽

1. 6839 2. 5421
3. 1087 4. 8403
5. 2470 6. 3905
7. 6352 8. 7004

14쪽

1. 2, 3, 7, 4 2. 1, 5, 9, 3
3. 6, 0, 4, 8 4. 9, 7, 5, 0
5. 7, 6, 5, 9 6. 1, 4, 2, 8
7. 5, 9, 0, 3 8. 3, 0, 5, 1

15쪽

1. 2346원 2. 5481원
3. 4630원 4. 3227원
5. 9252원 6. 8506원
7. 1963원 8. 6070원

16쪽

(위에서부터)

1. 4, 4000 / 2, 200 / 9, 90 / 8, 8

2. 8, 8000 / 1, 100 / 2, 20 / 4, 4
3. 2, 2000 / 3, 300 / 5, 50 / 6, 6
4. 3, 3000 / 5, 500 / 6, 60 / 7, 7

17쪽
1. 1000, 300, 40, 6
2. 5000, 700, 30, 1
3. 4000, 800, 20, 9
4. 6000, 0, 60, 7
5. 3000, 800, 0, 4
6. 1000, 900, 50, 5
7. 7000, 600, 0, 8

18쪽

1. 3	2. 3000
3. 300	4. 30
5. 3000	6. 3
7. 30	8. 50
9. 500	10. 5
11. 5000	12. 50
13. 5	14. 500

19쪽
1. 7001에 ○표
2. 6502에 ○표
3. 1234에 ○표
4. 2143에 ○표
5. 4325에 ○표
6. 5420에 ○표
7. 3728에 ○표

20쪽
1. 5000, 7000
2. 4001, 6001, 7001
3. 5050, 7050, 8050
4. 3800, 4800, 6800
5. 2610, 4610, 7610
6. 4581, 7581, 8581
7. 1749, 4749, 5749

21쪽
1. 2300, 2500
2. 5200, 5400, 5500
3. 4516, 4616, 4816
4. 7305, 7505, 7605
5. 1575, 1675, 1875
6. 8092, 8292, 8592
7. 6390, 6690, 6790

22쪽
1. 3540, 3560
2. 7851, 7871, 7881
3. 5263, 5273, 5293
4. 4026, 4036, 4056
5. 9710, 9730, 9740
6. 6534, 6564, 6574
7. 2210, 2230, 2260

23쪽
1. 2696, 2697
2. 1184, 1186, 1187
3. 3572, 3574, 3576
4. 9214, 9216, 9217
5. 5431, 5432, 5434
6. 8151, 8153, 8156
7. 6363, 6366, 6367

24쪽
1. 3540, 3580
2. 4417, 4817
3. 2740, 2745, 2755
4. 5612, 5628
5. 3549, 5049
6. 7105, 7225, 7255
7. 1240, 2040, 3240

25쪽
1. 7600, 7400
2. 6253, 5253, 4253
3. 7906, 7806
4. 1084, 1044
5. 2175, 2169
6. 7000, 5000, 4500
7. 4464, 4463, 4459

26쪽

1. <	2. <
3. <	4. >

27쪽

1. <	2. >

3. < 4. >
5. < 6. <

28쪽
1. < 2. <
3. > 4. >
5. < 6. >
7. > 8. <
9. > 10. >
11. < 12. <
13. > 14. >

29쪽
1. > 2. >
3. > 4. >
5. > 6. <
7. > 8. <
9. < 10. <
11. > 12. >
13. > 14. <

30쪽
1. < 2. <
3. > 4. >
5. < 6. >
7. > 8. >
9. > 10. >
11. < 12. <
13. < 14. <

31쪽
1. > 2. >
3. > 4. <
5. < 6. <
7. < 8. <
9. < 10. >
11. < 12. >
13. > 14. >

32쪽
1. ○ 2. ×
3. ○ 4. ○
5. × 6. ×
7. ○ 8. ○
9. × 10. ×

33쪽
1. 2634, 1975
2. 4253, 4271
3. 6279, 6182
4. 8156, 9423
5. 3097, 3480
6. 2870, 1760
7. 6543, 5978

34쪽
1. > 2. >
3. < 4. >
5. < 6. <
7. > 8. <
9. < 10. <
11. > 12. >
13. > 14. <

35쪽
1. 7641 2. 9532
3. 8710 4. 6542
5. 9321 6. 8640
7. 7541 8. 9632
9. 5211 10. 7743

36쪽
1. 1049 2. 2058
3. 3678 4. 3479
5. 1057 6. 2359
7. 1467 8. 8009
9. 2456 10. 1335

37쪽
1. 7, 8, 9 2. 0, 1, 2, 3
3. 7, 8, 9 4. 0, 1
5. 7, 8, 9 6. 8, 9
7. 0, 1, 2, 3, 4
8. 0, 1, 2, 3, 4
9. 9 10. 0, 1, 2, 3

38~39쪽
1. (1) 1000, 천 (2) 300
2. 7461원 3. 1, 6, 5, 8
4. 8407 5. 6962, 6972
6. (1) < (2) < 7. 9650, 5069
8. 박사초등학교

2 곱셈구구

42~43쪽
1. 6 / 6개 2. 12 / 12개
3. 20 / 20개 4. 20 / 20개

1. 28 2. 10
3. 18 4. 25

1. 9, 4, 36 2. 7, 6, 42
3. 8, 3, 24 4. 4, 2, 8
5. 5, 6, 30 6. 3, 7, 21

1. 5, 20 2. 6, 18
3. 6, 7, 42

44쪽
1. 6 2. 10
3. 8 4. 14
5. 4 /
6. 16 /
7. 18 /

45쪽
1. 2 2. 10
3. 18 4. 4
5. 8 6. 12
7. 14 8. 6
9. 3 10. 7
11. 8 12. 9
13. 5 14. 4

46쪽
1. 10 2. 25
3. 20 4. 45
5. 35 /
6. 40 /
7. 30 /

47쪽
1. 15 2. 25
3. 35 4. 40
5. 30 6. 10
7. 45 8. 9
9. 4 10. 6
11. 1 12. 7
13. 5 14. 8

48쪽
1. 9 2. 24
3. 15 4. 6
5. 6 /
6. 18 /
7. 27 /

49쪽
1. 15 2. 6
3. 27 4. 18
5. 3 6. 24
7. 12 8. 8
9. 3 10. 7
11. 5 12. 6
13. 9 14. 4

50쪽
1. 12 2. 48
3. 24 4. 36
5. 54 /
6. 30/
7. 42 /

51쪽
1. 12 2. 6
3. 54 4. 30
5. 42 6. 24
7. 18 8. 4
9. 6 10. 3
11. 2 12. 9
13. 7 14. 8

52쪽

1. 12 2. 24
3. 16 4. 36
5. 20 /
0 5 10 15 20 25 30 35 40
6. 28 /
0 5 10 15 20 25 30 35 40
7. 32 /
0 5 10 15 20 25 30 35 40

53쪽

1. 16 2. 32 3. 4
4. 8 5. 24 6. 36
7. 12 8. 6 9. 5
10. 8 11. 4 12. 9
13. 3 14. 7

54쪽

1. 16 2. 40
3. 24 4. 32
5. 56 /
0 10 20 30 40 50 60 70
6. 64 /
0 10 20 30 40 50 60 70
7. 72 /
0 10 20 30 40 50 60 70

55쪽

1. 24 2. 8
3. 64 4. 48
5. 32 6. 72
7. 16 8. 5
9. 7 10. 3
11. 4 12. 8
13. 6 14. 9

56쪽

1. 21 2. 42
3. 14 4. 63
5. 56 /
0 10 20 30 40 50 60
6. 28 /
0 10 20 30 40 50 60
7. 49 /
0 10 20 30 40 50 60

57쪽

1. 56 2. 63
3. 7 4. 49
5. 28 6. 14
7. 42 8. 4
9. 3 10. 7
11. 5 12. 1
13. 9 14. 8

58쪽

1. 9 2. 63
3. 18 4. 81
5. 36 /
0 5 10 15 20 25 30 35 40 45 50 55
6. 45 /
0 5 10 15 20 25 30 35 40 45 50 55
7. 54 /
0 5 10 15 20 25 30 35 40 45 50 55

59쪽

1. 27 2. 81
3. 72 4. 54
5. 36 6. 63
7. 9 8. 2
9. 8 10. 7
11. 5 12. 9
13. 4 14. 6

60쪽

1. 1 2. 3
3. 7 4. 2
5. 9 6. 5
7. 3 8. 5
9. 4 10. 6
11. 8 12. 7
13. 9 14. 1

61쪽

1. 0 2. 0
3. 0 4. 0
5. 0 6. 0
7. 0 8. 0
9. 0 10. 0
11. 0 12. 0
13. 0 14. 0

62쪽
1. 6 2. 35 3. 24
4. 24 5. 8 6. 15
7. 54 8. 32 9. 10
10. 8 11. 42 12. 24

63쪽
1. 32 2. 14 3. 45
4. 8 5. 0 6. 21
7. 36 8. 0 9. 2
10. 56 11. 42 12. 81

64~65쪽
1. > 2. < 3. =
4. < 5. > 6. <
7. < 8. < 9. <
10. < 11. > 12. >
13. = 14. > 15. >
16. > 17. > 18. <
19. < 20. = 21. <
22. > 23. = 24. >
25. < 26. = 27. >
28. >

66~67쪽
1. 6, 12, 14 2. 10, 25, 45
3. 3, 9, 24 4. 0, 24, 36
5. 20, 28, 32 6. 16, 40, 56
7. 21, 28, 63 8. 18, 54, 81
9. (위에서부터) 18 / 10, 30
10. (위에서부터) 7, 9 / 24, 54
11. (위에서부터)
8, 18 / 7, 49, 56

68쪽
1. 0×2=0, 3×3=9 / 11점
2. 1×2=2, 2×2=4, 3×1=3 / 9점
3. 6, 4 / 12점
4. 0, 4, 9, 8 / 21점

69쪽
1. 7, 42 / 42 2. 5, 40 / 40
3. 9, 36 / 36 4. 8, 24 / 24
5. 4, 24 / 24

70~71쪽
1. 8, 16, 2, 16
2. (1) 21 (2) 36 (3) 7 (4) 1
3. (1) 18 (2) 40
4. (1) < (2) >
5.
6. (위에서부터) 4, 16 / 0, 36
7. 5×9=45 / 45개
8. 15점

3 길이 재기

74~75쪽
1. 1 cm, 1 센티미터
2. 2 cm, 2 센티미터
3. 4 cm, 4 센티미터
4. 5 cm, 5 센티미터

1. 2 2. 3
3. 5 4. 6

1. 3 2. 5
3. 6 4. 5

1.
2.
3.
4.
5.

76쪽
1. 5 미터 2. 7 미터
3. 4 미터 90 센티미터
4. 1 미터 35 센티미터
5. 6 미터 8 센티미터
6. 9 미터 1 센티미터
7. 12 미터 47 센티미터
8. 2 m 9. 11 m
10. 3 m 55 cm 11. 6 m 78 cm

12. 5 m 5 cm　13. 10 m 43 cm
14. 89 m 7 cm

77쪽
1. cm　2. m　3. m
4. cm　5. m　6. cm
7. cm　8. cm　9. m
10. cm　11. cm　12. cm
13. m　14. m

78쪽
1. 1, 80, 1, 80
2. 3, 20, 3, 20
3. 4, 53, 4, 53
4. 41, 6, 41, 6, 41
5. 200, 2, 39, 2, 39
6. 500, 12, 5, 12, 5, 12
7. 800, 7, 8, 7, 8, 7
8. 100, 65, 1, 65, 1, 65
9. 700, 3, 7, 3, 7, 3
10. 300, 48, 3, 48, 3, 48

79쪽
1. 7 m 8 cm　2. 9 m 85 cm
3. 2 m 56 cm　4. 4 m 27 cm
5. 5 m 1 cm　6. 2 m 73 cm
7. 3 m 45 cm　8. 1 m 48 cm
9. 3 m 3 cm　10. 1 m 52 cm
11. 7 m 42 cm　12. 8 m 10 cm
13. 9 m 46 cm　14. 6 m 5 cm

80쪽
1. 7, 107　2. 700, 711
3. 92, 892　4. 200, 252
5. 43, 143
6. 3, 50, 300, 50, 350
7. 4, 84, 400, 84, 484
8. 6, 79, 600, 79, 679
9. 5, 8, 500, 8, 508
10. 4, 30, 400, 30, 430

81쪽
1. 453 cm　2. 570 cm
3. 931 cm　4. 685 cm
5. 372 cm　6. 248 cm
7. 715 cm　8. 124 cm
9. 891 cm　10. 305 cm
11. 537 cm　12. 420 cm
13. 183 cm　14. 655 cm

82쪽
1. 102 / 1, 8　2. 3, 40 / 343
3. 2, 3 / 207　4. 442 / 4, 46
5. 5, 10 / 517

83쪽
1. 150 / 1, 50　2. 110 / 1, 10
3. 170 / 1, 70　4. 220 / 2, 20
5. 180 / 1, 80

84쪽
1. >　2. <　3. >
4. <　5. >　6. =
7. <　8. <　9. <
10. <　11. >　12. <
13. <　14. >

85쪽
1. (위에서부터) 2, 90 / 2, 90
2. (위에서부터) 4, 70 / 4, 70
3. (위에서부터) 3, 50 / 3, 50
4. (위에서부터) 3, 80 / 3, 80

86쪽
1. (위에서부터) 4, 4, 87, 87
2. (위에서부터) 5, 5, 70, 70
3. (위에서부터) 7, 7, 76, 76
4. (위에서부터) 8, 8, 70, 70
5. (위에서부터) 9, 9, 81, 81
6. (위에서부터) 13, 13, 61, 61

87쪽
1. 7 m 43 cm　2. 7 m 70 cm
3. 8 m 81 cm　4. 9 m 79 cm
5. 6 m 25 cm　6. 12 m 72 cm
7. 8 m 80 cm　8. 5 m 58 cm
9. 7 m 75 cm　10. 9 m 50 cm
11. 9 m 67 cm
12. 12 m 66 cm
13. 7 m 78 cm

88~89쪽
1. 4, 87 2. 50 3. 6
4. 10 5. 63 6. 67
7. 12 8. 4 9. 81
10. 11
11. 8 m 70 cm 12. 5 m 50 cm
13. 6 m 62 cm 14. 6 m 95 cm
15. 8 m 96 cm 16. 6 m 62 cm
17. 12 m 71 cm 18. 9 m 87 cm
19. 7 m 67 cm 20. 9 m 88 cm

90쪽
1. 2, 95 2. 5, 28 3. 3, 87
4. 3, 70 5. 4, 78 6. 4, 92

91쪽
1. 2 m 70 cm 2. 5 m 53 cm
3. 1 m 57 cm 4. 6 m 48 cm
5. 10 m 22 cm 6. 8 m 97 cm
7. 3 m 78 cm 8. 6 m 80 cm
9. 2 m 88 cm 10. 5 m 65 cm
11. 5 m 37 cm
12. 10 m 75 cm
13. 4 m 62 cm

92쪽
1. 4, 22 2. 6, 52
3. 13, 64 4. 12, 35
5. 8, 87 6. 18, 55

93쪽
1. (위에서부터) 1, 40 / 1, 40
2. (위에서부터) 3, 60 / 3, 60
3. (위에서부터) 3, 40 / 3, 40
4. (위에서부터) 2, 30 / 2, 30

94쪽
1. (위에서부터) 3, 3, 40, 40
2. (위에서부터) 2, 2, 20, 20
3. (위에서부터) 5, 5, 30, 30
4. (위에서부터) 1, 1, 11, 11
5. (위에서부터) 4, 4, 38, 38
6. (위에서부터) 1, 1, 15, 15

95쪽
1. 3 m 60 cm 2. 6 m 33 cm
3. 3 m 50 cm 4. 4 m 54 cm
5. 2 m 5 cm 6. 1 m 36 cm
7. 6 m 19 cm 8. 1 m 20 cm
9. 5 m 20 cm 10. 4 m 13 cm
11. 15 m 5 cm 12. 1 m 35 cm
13. 2 m 42 cm

96~97쪽
1. 4, 20 2. 70 3. 3
4. 2 5. 42 6. 50
7. 1 8. 18 9. 23
10. 9 11. 1 m 40 cm
12. 4 m 20 cm 13. 4 m 17 cm
14. 1 m 17 cm 15. 4 m 12 cm
16. 2 m 57 cm 17. 6 m 25 cm
18. 4 m 32 cm 19. 3 m 13 cm
20. 1 m 42 cm

98쪽
1. 1, 15 2. 2, 5 3. 1, 30
4. 2, 15 5. 1, 34

99쪽
1. 3 m 50 cm 2. 3 m 40 cm
3. 6 m 55 cm 4. 5 m 19 cm
5. 8 m 22 cm 6. 3 m 23 cm
7. 15 m 4 cm 8. 5 m 23 cm
9. 3 m 6 cm 10. 7 m 10 cm
11. 8 m 72 cm 12. 2 m 10 cm
13. 6 m 7 cm

100쪽
1. 4, 10 2. 72 3. 2, 38
4. 1, 35 5. 1, 13 6. 3, 19

101쪽
1. 2 m 10 cm 2. 2 m 20 cm
3. 3 m 40 cm 4. 2 m 15 cm
5. 3 m 10 cm 6. 6 m 8 cm

102~103쪽
1. (1) 3 미터
(2) 7 미터 83 센티미터
2. (○)
( )
( )

3. (1) 600, 30, 6, 30, 6, 30
 (2) 5, 7, 500, 7, 507
4. (1) < (2) <
5. 9 m 82 cm
6. 2 m 46 cm
7. 8 m 39 cm
8. 8 m 23 cm
9. 주희
10. 2 m 60 cm+5 m 20 cm
 =7 m 80 cm / 7 m 80 cm

4 시각과 시간

106~107쪽
1. 2시 2. 5시
3. 7시 4. 10시

1.
2. 
3.
4.

---

1. 4시 30분 2. 1시 30분
3. 3시 30분 4. 10시 30분

1.
2. 
3. 
4. 

108쪽
1. 8, 15 2. 4, 40
3. 7, 20 4. 3, 55
5. 10, 20 6. 1, 35
7. 2, 10 8. 11, 5
9. 5, 30 10. 12, 45

109쪽
1. 2, 37 2. 7, 52
3. 4, 18 4. 11, 19
5. 5, 44 6. 10, 23
7. 5, 6 8. 9, 17
9. 12, 32 10. 1, 58

110쪽
1. 
2. 
3.
4. 
5. 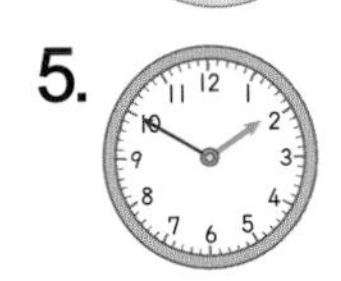
6. 
7. 
8. 

111쪽
1. 
2.
3.
4. 
5.
6. 
7.
8.

112쪽
1. 2, 55 / 3, 5
2. 11, 50 / 12, 10
3. 5, 50 / 6, 10
4. 3, 45 / 4, 15
5. 7, 45 / 8, 15
6. 9, 50 / 10, 10
7. 1, 55 / 2, 5
8. 10, 50 / 11, 10

113쪽
1. 8, 10 2. 6, 15
3. 3, 10 4. 5, 15

5. 1, 5　6. 7, 10
7. 11, 15　8. 4, 5

114쪽
1. 10　2. 5
3. 15　4. 5
5. 9, 15　6. 45
7. 50　8. 45
9. 4, 55　10. 12, 50

115쪽
1. 　2. 
3. 　4. 
5. 　6. 
7. 　8.

116쪽
1. 75　2. 110
3. 95　4. 125
5. 130　6. 165
7. 200　8. 80
9. 120　10. 140
11. 150　12. 180
13. 195　14. 230

117쪽
1. 1, 25　2. 1, 10
3. 1, 30　4. 1, 45
5. 2　6. 2, 15
7. 2, 40　8. 2, 25
9. 2, 55　10. 4
11. 3, 10　12. 3, 30
13. 3, 45　14. 4, 10

118쪽
1. 20　2. 2
3. 1, 10　4. 1, 45
5. 2, 20　6. 2, 15
7. 4, 5　8. 2, 30

119쪽
1. 24　2. 28
3. 48　4. 50
5. 1, 1　6. 1, 6
7. 3　8. 1, 3
9. 1, 11　10. 2, 6
11. 55　12. 34
13. 77　14. 2, 4

120쪽
1. 오전　2. 오후
3. 오전　4. 오후
5. 오전　6. 오전
7. 오후　8. 오후
9. 오전　10. 오후
11. 오후　12. 오후
13. 오전　14. 오전

121쪽
1. 7　2. 14
3. 21　4. 28
5. 3　6. 5
7. 4　8. 11
9. 19　10. 23
11. 32　12. 1, 3
13. 2, 1　14. 5, 1

122쪽
1. 19　2. 17
3. 22　4. 24
5. 28　6. 41
7. 48　8. 1, 3
9. 1, 8　10. 2, 6
11. 2, 1　12. 2, 9
13. 3, 1　14. 4, 2

123쪽
1. 8, 15, 22, 29
2. 13, 20, 27
3. 수　4. 목
5. 24, 수　6. 16, 화

124~125쪽
1. (1) 1, 40　(2) 7, 17
2. (1) 3, 10　(2) 45

3. 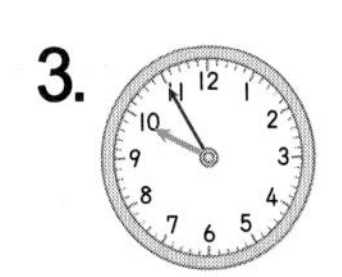

4. (1) 85 (2) 2, 40
5. (1) 21 (2) 2, 4
6. 8시 35분 7. 135분
8. 예 긴바늘이 한 바퀴 돌면 60분이 지난 것이므로 2바퀴를 돌면 60+60=120(분)이 지난 것입니다. ⇨ 120분=2시간
; 2시간
9. 월요일

5 표와 그래프

128~129쪽

1. 모양에 ○표 2. 색깔에 ○표
3. 크기에 ○표 4. 모양에 ○표

1.

모양	●	■
번호	①, ③, ⑤, ⑥, ⑦, ⑩	②, ④, ⑧, ⑨

2.

눈의 수	1개	2개
번호	②, ③, ⑦, ⑨	①, ④, ⑤, ⑥, ⑧, ⑩

3.

뿔의 수	0개	1개
번호	①, ③, ④, ⑨	②, ⑤, ⑥, ⑦, ⑧, ⑩

1.

공의 종류	농구공	야구공	축구공
세면서 표시하기			
공의 수(개)	3	5	2

2.

모양	★	●	♥
세면서 표시하기			
수(개)	5	7	3

1.

우유 맛	바나나 맛	초콜릿 맛	딸기 맛
세면서 표시하기			
우유의 수(개)	6	4	2

/ 바나나 맛

2.

색깔	파란색	보라색	초록색
세면서 표시하기			
모형의 수(개)	6	3	5

/보라색

130~131쪽

1.

동물				합계
학생 수(명)				
	5	4	6	15

2.

간식	빵	과자	라면	김밥	합계
학생 수(명)					
	3	7	6	4	20

3.

운동	야구	농구	축구	배구	합계
학생 수 (명)	6	5	4	1	16

4.

장소	과학관	영화관	박물관	고궁	합계
학생 수 (명)	6	4	5	5	20

132~133쪽

1.

5					○
4	○		○	○	○
3	○	○	○	○	○
2	○	○	○	○	○
1	○	○	○	○	○
학생 수 (명) / 나라	미국	중국	일본	프랑스	호주

2.

5		○			
4	○	○			○
3	○	○	○		○
2	○	○	○	○	○
1	○	○	○	○	○
학생 수 (명) / 운동	축구	수영	야구	농구	배구

3.

춤추기	○	○	○			
게임 하기	○	○				
노래 하기	○	○	○	○	○	○
음악 듣기	○	○	○	○	○	
책 읽기	○	○	○	○		
운동 하기	○	○	○	○	○	
취미 / 학생 수(명)	1	2	3	4	5	6

4.

현주	○	○	○			
지혁	○	○	○	○	○	○
솔비	○	○	○	○		
윤아	○	○	○			
한신	○	○				
도영	○	○	○	○	○	
이름 / 칭찬 붙임딱지 수(장)	1	2	3	4	5	6

134쪽

1. 23명
2. 6명
3. 4명
4. 딸기 맛 우유
5. 흰 우유
6. 1명

135쪽

1.

날씨	맑음	비	흐림	눈	합계
날수 (일)	14	4	11	2	31

2. 11일
3. 맑음
4. 눈
5. 12일

136쪽

1. 요일
2. 학생 수
3. 토요일
4. 목요일
5. 3명

137쪽

1.

예술가	/				
의사	/	/	/		
방송인	/	/	/	/	
과학자	/	/			
선생님	/	/	/	/	/
장래 희망 / 학생 수(명)	1	2	3	4	5

2. 5가지
3. 선생님
4. 예술가
5. 2명

138~139쪽

1.

과일	감	귤	배	합계
학생 수 (명)	7	5	3	15

예

8			
7	○		
6	○		
5	○	○	
4	○	○	
3	○	○	○
2	○	○	○
1	○	○	○
학생 수(명) / 과일	감	귤	배

2.

색깔	빨강	파랑	노랑	합계
학생 수(명)	2	5	8	15

예

8			×
7			×
6			×
5		×	×
4		×	×
3		×	×
2	×	×	×
1	×	×	×
학생 수(명) / 색깔	빨강	파랑	노랑

3.

선물	인형	게임기	옷	합계
학생 수(명)	3	7	5	15

예

8			
7		/	
6		/	
5		/	/
4		/	/
3	/	/	/
2	/	/	/
1	/	/	/
학생 수(명) / 선물	인형	게임기	옷

4.

장소	산	바다	계곡	합계
학생 수(명)	7	4	4	15

예

8			
7	○		
6	○		
5	○		
4	○	○	○
3	○	○	○
2	○	○	○
1	○	○	○
학생 수(명) / 장소	산	바다	계곡

140~141쪽

1. 경환, 선진, 진희

2.

장소	박물관	놀이공원	농장	동물원	고궁	합계
학생 수(명)	3	6	5	4	3	21

3. 5가지

4. 3명

5. 21명

6.

6		○			
5		○	○		
4		○	○	○	
3	○	○	○	○	○
2	○	○	○	○	○
1	○	○	○	○	○
학생 수(명) / 장소	박물관	놀이공원	농장	동물원	고궁

7. 놀이공원

8. 예 농장을 가고 싶어 하는 학생: 5명, 박물관을 가고 싶어 하는 학생: 3명 ⇨ $5-3=2$(명)
; 2명

6 규칙 찾기

144~145쪽

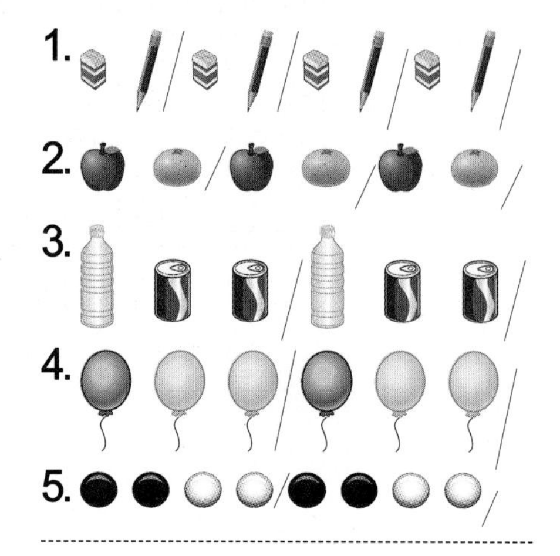

---

1. 티셔츠, 바지
2. 예 가위, 바위, 보가 되풀이되는 규칙입니다.
3. 예 딸기, 딸기, 포도가 되풀이되는 규칙입니다.
4. 예 비행기, 로봇, 로봇이 되풀이되는 규칙입니다.

---

1. 4 2. 3
3. 예 62부터 6씩 커지는 규칙으로 색칠한 것입니다.

---

1. 18 2. 27, 33, 36
3. 20, 25, 30 4. 19, 23, 27
5. (위에서부터) 43, 54
6. (위에서부터) 72, 84

146쪽

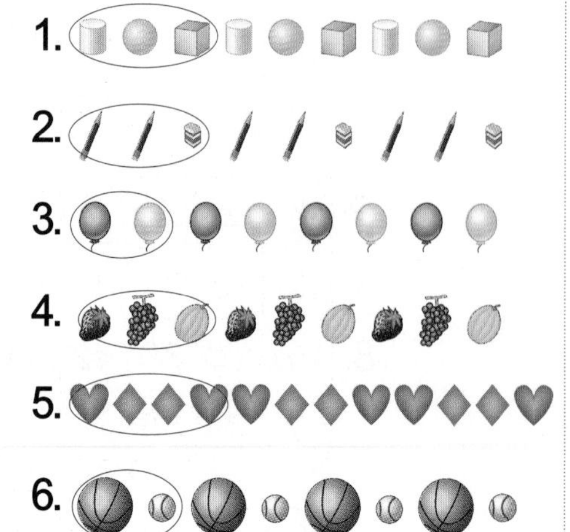

147쪽

1. (왼쪽에서부터) ★, ■, ●
2. (위에서부터) ▲, ▲, ▲, ▲
3. (왼쪽에서부터) A, A, ㄴ
4. (위에서부터) 나, 2, 3, 나, 1

148쪽

1. 2. 3. , 4. 5.
6. (○) ( )
7. ( ) (○)

149쪽

1. 2. 3. 4. 5. 6.

150쪽

1. ( ) (○), 1
2. ( ) (○), 2
3. (○) ( ), 1

151쪽

1. 4개 2. 9개
3. 16개 4. 10개
5. 16개

152~153쪽

1.

+	0	1	2	3	4	5	6
0	0	1	2	3	4	5	6
1	1	2	3	4	5	6	7
2	2	3	4	5	6	7	8
3	3	4	5	6	7	8	9
4	4	5	6	7	8	9	10
5	5	6	7	8	9	10	11
6	6	7	8	9	10	11	12

2. 1 3. 1 4. 2

5.

+	1	3	5	7
1	2	4	6	8
3	4	6	8	10
5	6	8	10	12
7	8	10	12	14

6.

+	2	3	4	5
2	4	5	6	7
3	5	6	7	8
4	6	7	8	9
5	7	8	9	10

7.

+	5	6	7	8
5	10	11	12	13
6	11	12	13	14
7	12	13	14	15
8	13	14	15	16

8.

+	2	4	6	8
2	4	6	8	10
4	6	8	10	12
6	8	10	12	14
8	10	12	14	16

9.

+	1	2	3	4
5	6	7	8	9
6	7	8	9	10
7	8	9	10	11
8	9	10	11	12

/ 예 같은 줄에서 아래쪽으로 내려갈수록 1씩 커지는 규칙이 있습니다.

10.

+	3	5	7	9
4	7	9	11	13
6	9	11	13	15
8	11	13	15	17
10	13	15	17	19

/ 예 같은 줄에서 오른쪽으로 갈수록 2씩 커지는 규칙이 있습니다.

154~155쪽

1.~2.

×	1	2	3	4	5	6	7
1	1	2	3	4	5	6	7
2	2	4	6	8	10	12	14
3	3	6	9	12	15	18	21
4	4	8	12	16	20	24	28
5	5	10	15	20	25	30	35
6	6	12	18	24	30	36	42
7	7	14	21	28	35	42	49

3. 5

4. 같습니다.

5.

×	2	4	6	8
2	4	8	12	16
4	8	16	24	32
6	12	24	36	48
8	16	32	48	64

6.

×	3	5	7	9
5	15	25	35	45
6	18	30	42	54
7	21	35	49	63
9	27	45	63	81

7.

×	6	7	8	9
1	6	7	8	9
2	12	14	16	18
3	18	21	24	27
4	24	28	32	36

8.

×	1	2	5	8
3	3	6	15	24
5	5	10	25	40
7	7	14	35	56
8	8	16	40	64

9.

×	2	4	6	8
2	4	8	12	16
4	8	16	24	32
6	12	24	36	48
8	16	32	48	64

/ 예 곱셈표에 있는 수들은 모두 짝수입니다.

10.

×	1	3	5	7
1	1	3	5	7
3	3	9	15	21
5	5	15	25	35
7	7	21	35	49

/ 예 곱셈표에 있는 수들은 모두 홀수입니다.

156~157쪽

1. 15, 22, 29
2. 7
3. 1
4. 30
5. 1
6. 1
7. 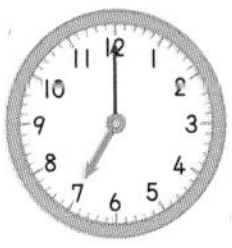
8. 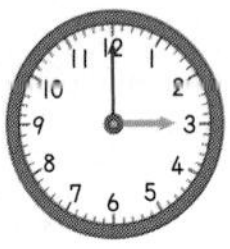

9. 예 위로 갈수록 3씩 커지는 규칙이 있습니다.

10. 37번

158~159쪽

1. 사과

2. 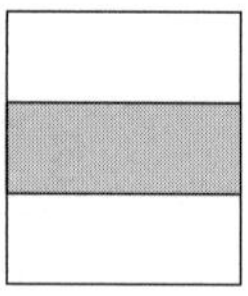

3. 16개

4.

+	1	2	3	4	5
1	2	3	4	5	6
2	3	4	5	6	7
3	4	5	6	7	8
4	5	6	7	8	9
5	6	7	8	9	10

5.

×	2	4	6	8
2	4	8	12	16
4	8	16	24	32
6	12	24	36	48
8	16	32	48	64

6. 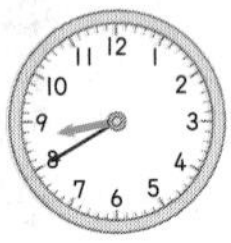

7. 7일

8. 예 1부터 8씩 커지는 규칙이 있습니다.

9. 25일

계산박사 단계별 교육 과정

학년	학기	단계
1학년	1학기	1단계
	2학기	2단계
2학년	1학기	3단계
	2학기	4단계
3학년	1학기	5단계
	2학기	6단계
4학년	1학기	7단계
	2학기	8단계
5학년	1학기	9단계
	2학기	10단계
6학년	1학기	11단계
	2학기	12단계

◀ 정답은 이 안에 있어!